U0182327

科学之光
LIGHT OF SCIENCE

科学文化经典译丛

法国发明简史

14世纪至今

HISTOIRE DES GRANDS INVENTEURS FRANÇAIS
DU XIVe SIÈCLE À NOS JOURS

［法］菲利普·瓦洛德　　著

张俊丰　　译

姚大志　　审译

中国科学技术出版社
·北　京·

图书在版编目（CIP）数据

法国发明简史：14 世纪至今 /（法）菲利普·瓦洛
德著；张俊丰译 . —北京：中国科学技术出版社，2023.1
（科学文化经典译丛）
ISBN 978-7-5046-9826-1

Ⅰ. ①法… Ⅱ. ①菲… ②张… Ⅲ. ①创造发明—技
术史—法国 Ⅳ. ① N095.65

中国版本图书馆 CIP 数据核字（2022）第 199155 号

原书版权声明：
Histoire des grands inventeurs français du XIV e siècle à nos jours by Philippe Valode
© Nouveau Monde éditions, 2015
Simplified Chinese edition arranged through S.A.S BiMot Culture

本书简体中文版由 Nouveau Mondes éditions 授权中国科学技术出版社在中国大陆地区独家出版、发
行。未经出版者书面许可，不得以任何方式复制、节录本书的任何内容。

北京市版权局著作权合同登记 图字：01-2022-4960

总 策 划	秦德继	
策划编辑	周少敏 孙红霞 李惠兴	
责任编辑	孙红霞 崔家岭	
封面设计	中文天地	
正文设计	中文天地	
责任校对	张晓莉	
责任印制	马宇晨	

出 版	中国科学技术出版社	
发 行	中国科学技术出版社有限公司发行部	
地 址	北京市海淀区中关村南大街 16 号	
邮 编	100081	
发行电话	010-62173865	
传 真	010-62173081	
网 址	http://www.cspbooks.com.cn	

开 本	710mm×1000mm　1/16	
字 数	207 千字	
印 张	15.75	
版 次	2023 年 1 月第 1 版	
印 次	2023 年 1 月第 1 次印刷	
印 刷	河北鑫兆源印刷有限公司	
书 号	ISBN 978-7-5046-9826-1 / N·297	
定 价	98.00 元	

序 言

本书介绍了130余位法国发明家与发现者，他们的伟大成就使得法国几个世纪以来都位居强国之列。

本书的研究以中世纪末为起点。这样的范围划分并不意味着漫长的蒙昧期过后，文艺复兴实现了人类文明在智识层面的陡然新生。之所以如此划分，仅仅是因为这之前的发明者的身份无法确定。毕竟，我们所能想到的古代欧洲人的发明，实际上长期以来已经在世界各地使用了很久，也已被归于其他地方。只需想想汉朝时期的中国（其发明包括纸张、算盘、火药、指南针、悬索桥、钢铁、独轮手推车、犁铧等），或是倭马亚王朝和阿拔斯王朝时期的阿拉伯世界（其发明涉及医学及数理）即可。

我们同时也认为，法国近500年取得的种种突破不仅推动国家取得了决定性进步，更是惠及整个欧洲，乃至一众发达国家。很自然，我们所要讲述的绝不仅仅限于科学领域的成果汇总，进步从来不会只表现为技术的发展。从香槟到第一架飞机，从植物学到动物研究，从建筑到象形文字的解码，从聋哑人用语到食物罐头，从黄磷火柴到潜水服，从鳄鱼恤到BIC圆珠笔，所有这些日常生活中、智识领域内的革新同样也被关涉、被记录。如此一系列令人难以置信的大胆尝试，经常显得神奇莫测，有时甚至惊天动地，但一直都是那么振奋人心……

从这些发明、发现中观察到了如下现象，甚至让笔者手里的鼠标一度失控。

——我们的这些发明者通常都是不拘一格的人物，他们的整个人生如同小说般跌宕起伏。因此，阅读他们的生平纪事不仅会平添乐趣，而且总是会让人有所启迪。

——我们那些最伟大的发现者几乎同时都是哲学家与科学家。这可给那些蒙昧主义者好好上了一课——他们总是将数学人才与拉丁文能手对立起来，这简直是我们所能想到的最为愚昧的事情了。其实，科学本来就是自然而然地倚靠哲学，以之为基础，科学的种种假设才得以成立并验证……而任何一门学科，其理念的表达也只能借助于以希腊语或者拉丁语为词根的词语。

——法国的大学校[①]，从巴黎高等师范学院（简称巴黎高师）到巴黎综合工科学校，以及中央美术学院、公共工程学院、各个医学院与工程师学校，共同培养了最优秀的大脑，是法国种种成就的基础。不管这个结论令人愉悦与否。

——大发现通常都是共同努力、多人合作的结果，如居里一家（丈夫、妻子、女儿）、蒙戈尔费埃兄弟、卢米埃尔兄弟，或者涅普斯与达盖尔、介兰与卡尔梅特、潘哈德与勒瓦索这样的强强合作关系，后来还出现巴斯德派——贾克柏、利沃夫、莫诺、蒙塔尼、费朗索瓦丝·巴尔-西诺西及让-克洛德·谢尔曼组成团队……如此一来，由于交流和挑战，孤独的天才更有必要自我超越。

——法国的发明总是诞生在欧洲文明竞争的大环境中，通常包括英国、德国，继而是 19 世纪末崛起的美国。也就是说，这些发明产生于跨越国界的竞争环境之中。尽管欧洲各个国家间存在明争暗斗，发明者和探索者却无所芥蒂、坦诚交流着。此外，一国最优秀的科学家越发频繁地受到别国

———————————

① 法国大学的一种，又译"法国高等专业学院""法国高等专门学校"等，与法国公立大学并列的高等教育机构，18 世纪 40 年代创办，通常都是顶级名校。——译者注

科学院的招揽，尤其是那些处于科技发展前沿、积极开展国际竞争的国家。

——自 19 世纪初，发明创造的数量在不断增加，这是显而易见的——我们是否可以说：时间在加速前进？别忘了，1850 年所谓的文明世界里，石油还封存在地下，汽车、飞机、电话都还没有诞生，电也刚刚才被发现。这种日新月异的变化固然是壮观不已，然而是否也有其令人忧惧的一面？因为，21 世纪初已经是"见习巫师"^①的时代，他们掌握、操纵着医学、生物学、自然、原子能、气象……

——发明者与工业领域建立的关系极为紧密。然而，法国直到第二帝国时期才开始着手推动实验室与工业领域的合作。巴斯德的例子最具有说服力。应用型研究要解决的困难，或者说基础性研究领域与工业试验室间永久建立的关系，是近代才确立的。幸运的是，对事物的专注观察研究推动了法国开始着手改善国内应用型研究的状况。

——最后，应当认识到：这几个世纪以来，法国一直都是蓬勃向上、积极进取的。诚然，19 世纪初，法国落后于盎格鲁 - 撒克逊对手们 50 年，但是到了第二帝国末期，它已迎头赶上，无论是发展水平还是创造力都位居世界前列。虽然对于在色当受辱的第二帝国皇帝，永远有着说不完的话题，但是读者们可能会为拿破仑三世对巴斯德、圣克莱尔·德维尔、吉法尔等人的殷切关怀而动容。这位科技爱好者，分别在 1855 年和 1867 年组织过万国博览会，这对全国的各个行业都有巨大的推动作用。

——自 20 世纪初起，我们采用一套标准来衡量国家实力（与另一套同样被接受），那便是 1901 年起颁发给法国人的诺奖数量。此书出版之前，法国摘得诺奖次数累计 61 次（居里夫人单独拿了两次），约占诺奖颁发总次数的 6%，位居美国、英国、德国之后，是诺奖获得数量排名第四的国家。这一排位完全可接受，且法国已经坚定维持了十几年，这与"法国衰败论"的谣言大相径庭……

---

① 比喻能够制造事端，却又无力控制的人。——译者注

目　录

第一章

16 世纪之前：灵感迸发的先驱

中世纪到 16 世纪，法国虽然还是一个积贫积弱、陷入宗教战争不能自拔的国家，但是科学技术发明、发现的种子却已然悄悄发芽。在这些做出杰出贡献的人中，卓越的天才奥雷斯姆，号称"14 世纪的爱因斯坦"；探险家卡蒂埃为法国夺得了北美第一片殖民地。至于数学家韦达，更是迄今都闻名于全球数学界。即使不为人所知的杰出医生、建筑师，也为法国，乃至世界留下了他们宝贵的遗产。

尼科尔·奥雷斯姆——14 世纪的爱因斯坦

尼科尔·奥雷斯姆（Nicole Oresme），被现当代历史学家称为"14 世纪的爱因斯坦"。作为国王查理五世的随身顾问，尼科尔·奥雷斯姆曾辅佐他将菲利普六世及约翰二世治理下衰败的法国迅速振兴起来。早在文艺复兴到来前，尼科尔·奥雷斯姆凭借广博的学识，在科学思想、法兰西语言的传播中发挥了重要作用，此外他对古典文献的贡献也功不可没。

卓绝团队

国王查理五世[①]尽管饱受身体病痛的折磨，却不失为各方面都表现优异的君主。王储时期，他身边已围绕了众多能人，尼科尔·奥雷斯姆便是其中之一。他与掌玺大臣约翰·德·多尔曼斯和财务总管于格·奥布日奥共同为查理五世出谋划策，而战神，即后来的陆军元帅伯特兰·杜·格斯克林加入后，国王的四人高级智囊团终于成型。

草根出身

尼科尔·奥雷斯姆于 1325 年出生于奥恩省，据相关资料显示应是普通农民家庭出身。后来他成为利泽尔地区的主教，并于 1382 年在当地与世长辞。尼科尔早年就读于专为贫困子弟开设的纳瓦尔学院，这所学院于 1304 年由菲利普四世的妻子创办，最初起名为香帕涅学院。毕业后他留校任教期间，先是取得了令人称羡的文学硕士头衔，然后遵循惯例继续进修神学。1356 年，晋升为神学博士，时年 31 岁。这份成就使他荣摘纳瓦尔学院院

---

① 查理五世（1337—1380），即法国瓦鲁瓦王朝国王（1364—1380）。他逆转了英法百年战争第一阶段的战局，使法国得以复兴。作为一位伟大的法国国王，由于年轻时重病留下的后遗症，他的身体健康状况很差，无法上战场，右手无法握重物。——译者注

长一席。由此，这位文采斐然、声名鹊起的知识分子进入了未来国王查理五世的私密圈。某些专家猜测，当时奥雷斯姆担任了王子的家庭教师。

昏暗时期：1356—1358 年

1356 年，国王约翰二世（俗称"好人约翰"）在普瓦捷战役中被英国的"黑太子"[①]俘获，连同当时尚为王子的查理五世的两个兄弟，一并被押解到伦敦。另外，代表商人利益的行政长官艾蒂安·马赛尔野心勃勃，企图将巴黎改造成意大利式的商业都市。实际上，法国境内的君主专制统治差一点就要终结在他手上。内外交困之下，瓦鲁瓦王朝的掌舵人需要保持绝对的冷静才能取得最终的胜利。为了赎回自己的父亲，查理五世被迫签订了《布勒丁尼和约》，并在 1364 年迅速承袭他的王位，执掌整个国家。

1359 年，因无比忠诚的品性，尼科尔·奥雷斯姆被正式提拔为查理五世的秘书。随后他又兼任御用神甫及随身顾问。国王需要使用他的外交才华。在奥雷斯姆身处的知识分子群体中，另有两位也值得一提，分别是拉乌尔·德·普雷勒与菲利普·德·梅济耶尔，他们在国内掀起了哲学、物理学、数学、经济学思想的热潮，并提高了法国民众对于文学的鉴赏力和古典著作的理解程度。

辉煌的教士生涯

在当时，一个人从事教会工作与具有政治地位、大学教职并没有冲突。1362 年，奥雷斯姆被任命为鲁昂大教堂的议事司铎之后，他依然在巴黎大学继续执教。次年，他重返巴黎，接任圣夏贝尔大教堂的议事司铎。1364 年，查理五世登上王位，奥雷斯姆也取得鲁昂大教堂教长一职，这为

---

① 英王爱德华三世的长子，法国人称其为黑太子。绰号的来由有两个说法：一个说法是因其常穿黑色铠甲，故被称为"黑太子"；另一个说法是因其洗劫法国城市，放纵士兵在法国横行霸道，故法国人认为他心肠黑，称之为"黑太子"。——译者注

他带来丰厚的收入。但是，这并未阻止他继续从事科学及哲学领域的研究。国王两次高度赞赏了他的能力，并于 1371 年给他发放一份年金，随后于 1377 年将利雪地区主教这一象征着无上荣耀与高额报酬的职位赐予了他。

学识渊博的科学家

早在文艺复兴到来前，奥雷斯姆便翻译了亚里士多德的一系列作品，如《政治学》《经济学》《伦理学》。在世人眼中，他是卓越的科学家、才华横溢的知识普及者。其学识之广博，涵盖了数学、物理学、经济学、音乐学、哲学乃至心理学。在他的诸多作品中，尤其值得注意的是《货币论》《天堂之书》《行星轨道论》《亚里士多德主要作品评注》……

之前在法国语言中并不存在科学术语，奥雷斯姆则是开创者。他建立了直线方程式（先于笛卡尔），破解了空间定律（伽利略相较而言晚了很久），还引入了微积分的概念……这些成就都毋庸置疑。在物理学方面，他走在哥白尼前头，是对地球运动的认识最为清晰的理论家。奥雷斯姆认为，光与颜色的本质是相同的，即白光中包含了所有的颜色。他还以敏锐的直觉发现大气的折射现象：光在空气中的传播是曲线轨迹。这一设想使得他进而推断：天空中没有任何事物（譬如星星），会真实处于我们看到它们时所处的位置上。要知道，伟大的开普勒在 300 年后都没能想明白其中的原理。

人脑功能的热切研究者

作为名副其实的心理学家，奥雷斯姆将内在感知与潜意识的存在完美地融合在一起——他确信潜意识对于人的行为及观念具有重要影响。他还展示了意识与记忆的纯粹力量，并提供了人类声音的建构证据。

最后，尽管遍览尼科尔·奥雷斯姆浩如烟海的作品是不可能做到的事情，但是绝对应该注意到其对概率和物种完善理论（即达尔文的进化论）的研究工作。

无人知晓的先驱

令人诧异的是，长久以来尼科尔·奥雷斯姆在法国的大学里居然一直都不被人所知！要知道从哥白尼到开普勒，从胡克到牛顿，从伽利略到帕斯卡，从笛卡尔到德索托，如此多的人都从其作品中获得了灵感——这些作品为文艺复兴及 17 世纪的大量科学发现开启了大门。

雅克·卡蒂埃——1534 年加拿大的发现者

雅克·卡蒂埃（Jacques Cartier）原本打算开辟前往中国的海上航线，却误打误撞发现了现今加拿大所在的北美部分地区。其实他发现的只是魁北克省，尽管当时绕着纽芬兰省航行了一圈。他的 3 次旅行最后都是以失败告终，因为他只带回来些没有价值的矿物。尽管如此，雅克·卡蒂埃成功度过了当地糟糕的冬季，后来任加拿大总督的尚普兰从他的越冬经验中学到了很多。

约翰·勒维内的关键作用

1494 年 6 月 7 日，西班牙与葡萄牙签署了《托尔德西拉条约》，双方得以划分"新世界"。对此，法国国王弗朗索瓦一世表示坚决反对。于是，他先是派遣约翰·安戈前去侵扰里斯本港口，随后指使海盗约翰·丹尼斯趁西班牙的大帆船从墨西哥返航时在途中进行劫掠。这些行动显示了法国国王的坚定意志。

此外，当圣米歇尔山修道院院长约翰·勒维内，建议国王要求罗马教皇克雷芒七世（正打算将自己的外甥女凯瑟琳·德·梅第奇嫁给未来的法国国王亨利二世）承认法国海军有探索未知领地的权利时，国王毫不犹豫地接受了。

1532 年，勒维内升任红衣主教后，支持雅克·卡蒂埃的行动。后者有意开辟前往中国的海上航线，即西北线。

圣马洛地区的资助

起初是见习水手，之后升任领航员，卡蒂埃有着丰富的旅行经历。他抵达过新大陆的海角，也曾沿着巴西的海岸线航行。1534 年 4 月 20 日离开圣马洛港口时，他已经是一名经验老到的船员了，麾下有 2 艘大船、60 名水手——所有武器装备和船员的薪水都由当地资助。卡蒂埃横穿大西洋所用时间打破了当时的纪录（平均约需 3 个月）。实际上，由于顺风，他 5 月 10 日便已抵达新大陆的博纳维斯塔海岬。随后，他又沿着拉布拉多省的海岸线航行，驶入加斯佩港湾，停在了圣劳伦斯河的南岸。6 月 20 日，他在那里插了一个十字架，以法国国王的名义占有了所属权。后来，他与当地的米科马克印第安人进行了接触、交流，并将其中两人带回欧洲。由于天气糟糕的原因，他们的返程滞后了一段时间，直到 9 月 5 日才开始。

1535：第二次远行

由于听印第安人说萨格奈地区有黄金（实际上是铜），雅克·卡蒂埃次年便获得了法国王室的支持。弗朗索瓦一世的计划无比宏大：他不仅为这些探险者提供资助，更是鼓动他们为自己占据新发现的土地，与当地部落首领达成相关协议，到处插上昂古莱姆的旗帜。给卡蒂埃的委任书上的任务明确显示："雇用、驾驶并率领 3 艘船，每艘船装备、供需期限为 15 个月，以继续开拓美洲新大陆外存在的其他土地。"卡蒂埃给"白鼬"号、"小白鼬"号、"灰背隼"号这 3 艘船（吨位分别为 120 吨、60 吨及 40 吨）配上武器装备，于 5 月 19 日离开圣马洛港。3 艘船配备人员共 110 人。这次的航行由于风向问题，船队用了两个半月抵达圣洛朗市的小港湾。卡蒂埃来到印第安人的村庄斯塔达科恩——后来这里发展成魁北克省；同时他给奥尔良岛和"圣克洛的勒阿弗尔"命名。随后，从 9 月 1 日起，他驾驶着一条船回到圣洛朗，一直航行至印第安人的村庄奥雪来嘉，他给这里取了个新名字——王室山，即后来的蒙特利尔所在地。航行时，由于激流暗滩的原因，卡蒂埃折返圣克洛伊过冬。那个冬季的糟糕情况不止严寒：当地的印第安人对于这支队伍抱有敌意，船员们又身染坏血病、食物不足、无处安葬等。1536 年 5 月，在发现新大陆的南航道后，卡蒂埃决定 7 月中旬抵达法国。从此，他才明白新大陆其实是一个岛屿，归途他还顺便带回几个美洲土著。

1541：第三次远征

教皇保罗三世有意在"新法兰西"传教，因此支持弗朗索瓦一世。后者装备了 5 艘大船托付于卡蒂埃，让其担任总船长一职，率领所有船只。此行的目的是在加拿大建立一块殖民地。约翰·弗朗索瓦·德·拉罗克，即罗贝瓦尔陛下，被授予加拿大殖民地总督与总长官的头衔，担任本次出航的总指挥。1541 年 5 月，卡蒂埃抵达美洲，而罗贝瓦尔却没有如期到达。再次熬过一个痛苦的冬季后，卡蒂埃建立了一座新的城市，命名为查尔斯堡——这是向国王弗朗索瓦一世的第三个儿子致敬。这个孩子出生于 1522 年，名为查尔斯。随后，他打算返回法国，并把一堆没有价值的矿石带上了船，尽管在他看来那些都是黄金和珠宝。1542 年 6 月，罗贝瓦尔终于抵达美洲，与卡蒂埃会合。但是，卡蒂埃拒绝陪同他前往查尔斯堡，而是自行返回了圣马洛市。1543 年，弗朗索瓦一世召回了罗贝瓦尔，并与查理五世产生龃龉。

至于雅克·卡蒂埃，他于 1557 年在自己的故乡去世。尽管一生都没能完成夙愿，即找到通往中国的海上航线，也未能实现当初夸口允下的承诺——为法国搬回巨额财富，但是他依然是发现了加拿大，并绕行新大陆一周的伟大航海家。

弗朗索瓦·韦达——代数之父

作为亨利三世的忠实信徒，以及备受亨利四世青睐的股肱之臣，弗朗索瓦·韦达（Françoic Viète，1540—1603）也是一位推崇用代数方程式解决问题的伟大数学家，他还将三角学融入天文学。法国宗教战争期间，这位科学家则更是为民族和解不遗余力。

出色的政治生涯

弗朗索瓦·韦达，出生于旺代省，是一名法学家。他 20 岁便在家乡丰特奈－勒孔特市做了律师。由于有幸替弗朗索瓦一世的遗孀艾里诺·德·奥地利（也是查理五世的姐妹）处理当地的继承问题，不久他又为王储弗朗索瓦二世的妻子（1558 年成婚）玛丽·斯图亚特提供辩护服务。自此，他真正做到了声名鹊起。

韦达与胡格诺派尤其是加尔文主义者过从甚密，他频繁拜访过科利尼、孔代、胡安娜三世及其子亨利·德·纳瓦尔（即未来的亨利四世）。但是，韦达本人始终是天主教信徒，之所以加入这些政治人物组成的宗教团体，因为他们更倾向于国家的民族和解而非宗教分裂。

31 岁时，韦达在巴黎议会内担任律师一职，随后在雷恩议会担任顾问，他开始侍奉国王亨利三世。在后者身上，他准确地认识到什么才是真正的"政治老手"。自 1580 年起，他在巴黎议会负责处理各类诉状，并且是神圣联盟的反对者，尤其体现在著名的弗朗索瓦·罗昂对抗内穆尔公爵事件中。由于吉斯公爵的打压，韦达退离政坛，转而投向热爱的数学领域。

重获盛宠

著名的 1588 年 5 月 12 日的"街垒日"[①]过后，亨利三世不得不在逃离巴黎时召回了韦达。1589 年，国王遇袭身亡后，韦达在亨利四世身边重获盛宠，担任私人顾问一职。在与天主教徒的战争中，他投身于破译波旁派

① 1588 年 5 月 12 日，拥护天主教联盟的巴黎民众在卢浮宫周围遍筑街垒，信奉新教的亨利三世仓皇出逃，史称"街垒日"。——编者注

截获的神圣联盟的秘密情报。由于对自己的数学家无比自豪，亨利四世接下了荷兰知名学者阿德里安·罗曼纽斯发出的挑战：破解 45 次方程式。荷兰大使表现得趾高气扬，亨利四世便派韦达前去应对。闻名遐迩的韦达，作为杰出的智者随即应允：短短几小时，他已找到解题方法，据说他还拿出了另外的解法，足有 22 种。

1602 年，迫于糟糕的身体状况，韦达只得卸任国王的私人顾问一职，此前他从未真正停止过对国王的侍奉。不过，实际上早在卸任的前几年，他已经开始把精力投入科学工作上了。

科学家

韦达的研究集中于数学与天文学。早年间便已编撰了有关三角学和相关图表的论著。文艺复兴时期的学者把古典几何单单作为解决数学问题的一种工具，而实际上，韦达与他们的想法刚好相反，他想要展现出代数的独特性。由字母指代参量，从而建立方程式，成为他的目标。他将自己的这种方法命名为"符号逻辑"，意思是说通过符号来运算，读者不应该忽视：法文单词 spécieux（se）的词源正是拉丁词汇 specis，意为符号。他利用年金出版了自己的专著，其中最主要的有《众多数学问题答案之第八讲》。

他参照辅音字母和元音字母，将方程分为三个阶（zététique、porisma 和 analyse rhétique），再将三次（阶）方程式转换成二次方程式，得以求解。韦达的代数之所以时间久远之后不再被人熟知，是因为他的体系太复杂了，在笛卡尔简洁明了的推理论证面前相形见绌，于是逐渐被人们遗忘。然而，他终究是试图用代数方法来解决数学问题的第一人。

如果有充足的时间将所有的研究成果公之于众，韦达可能会在数学史上留下更多印记。可惜由于政坛高层的繁重差事（尤其是国王委派的特殊任务）耽搁了他在数学领域进行更多的探索。

安布鲁瓦兹·帕雷——实现动脉结扎的第一人

伤员的创面如采用火烙的治疗方法则容易发生感染，从而引发败血症。伟大的外科医生安布鲁瓦兹·帕雷（Ambroise Paré，1510—1590）想要拯救他们的生命。这位人道主义者在医术的探索中始终着意创新与实用性，勇于摒弃甚嚣尘上的陈腐观念。

与医学院分庭抗礼的人

安布鲁瓦兹·帕雷，1510 年出生于拉瓦勒，在巴黎开启了职业生涯。他选择外科医生这个虽为医生们鄙夷却深受所有贵族和军人敬重的行当，因为外科医生事关他们在战争中能否幸存下来。晋升主刀医生时，帕雷才27 岁，很快便展现出了卓越才华。他可是一位革新者兼实干家。

他创造了肘部先脱臼再治疗的方法，从而避免了对受损肢体进行全部截除。紧随其后，对于那个年代唯一的杀菌剂——但是极易导致坏疽——沸水油，帕雷代之以洁净松脂油，真正起到了消毒的作用。效果立竿见影，死亡率下降了。尽管大学提出抗议，指责他没有贯彻加里昂（罗马皇帝马可·奥勒留和康茂德的御用医生）制定的规则，但是帕雷在燕子街开设的诊所，却总是人满为患。甚至国王弗朗索瓦一世还鼓励他，给他特权，即可以将研发的枪伤治疗方法公之于众。

党维莱尔战场：动脉结扎术的发明

1552 年 5 月，在党维莱尔的战场上，一个在勒内·德·罗昂麾下作战的年轻人被西班牙轻型长炮发射的圆炮弹击中了腿部。幸运的是，溢血已经止住。但是，还要阻止伤口长坏疽的可能。于是，帕雷发明了针对这种情况的现代外科处理方法，决定采取截肢手术，不再走火烙的老路。他将动脉及大血管进行了结扎，实际上他自己已经精通如何做。不到 3 分钟，6 根血管结扎完毕，血液不再流出。手术圆满完成，只是伤员在吞下半品脱掺了阿片复方软糖剂的酒水（即由鸦片制成的药水）后仍旧疼痛得呻吟不止。

随后，帕雷亲自设计，让人为患者制作了一条关节可以活动的"木腿"。几天后，这位患者便能重新上马了。这一消息很快传遍了整个皇家军队。

1552 年年底，吉斯公爵将他召唤到梅斯的战场上。于是帕雷夜以继日地进行动脉结扎手术，取得了无人能及的成功。他被聘为皇家外科医生，由此名声大振。

帕雷拿笔亲自记录下了他的治疗方法："截肢完成后，将切面的大动脉和大静脉紧紧扎起，使其不再流血。过程当中，上述血管需要使用称为弯头器的工具。用这些工具把上述血管夹住，将它们牵引并拉到肌肉外侧。之后需要用质量上佳的线将血管结扎，应复扎一次。"

无力挽救亨利二世

亨利二世支持帕雷攻读医学外科的博士学位，考虑到他对拉丁文一窍不通，还准许他不必用拉丁文撰写博士论文。1559 年 6 月 30 日，为庆祝公主伊丽莎白与西班牙菲利普二世和国王的妹妹玛格丽特与伊曼纽尔·菲利伯特·德·萨瓦这两对新人的大婚，巴黎举行了盛大的节日庆典。然而，在马上比武的环节，亨利二世被他的苏格兰卫队队长蒙哥马利的长枪刺伤，伤势非常严重。安布鲁瓦兹·帕雷当即得到召见，但是他也无法将穿透面甲、扎进国王面部的木质枪尖碎片拔出。为了找到解决办法，甚至将死刑犯以尖木块处决，但是结果依然是未能如愿。帕雷只能干陪着亨利二世。10 日后，剧烈疼痛之中的国王最终撒手人寰。

享誉四方

在弗朗索瓦二世和查理九世统治期间，帕雷皆身居高位。1562 年，他开始推出自己的著作《头部受创及骨折的治疗方法》，1564年又出版了《手术及必需器械大全十章》。在传染病及其预防领域，帕雷亦有所涉猎。亨利三世也延续了两位兄长的作风，继续做他的保护人。帕雷已然完全意识到外科医生的现代性——看重精确的实际操作，然而医学界却是由迪亚弗兰修斯式的医生组成。这些正是一个世纪后莫里哀作品中所嘲讽的对象。面对医学思想僵化及伦理道德丧失的现象，帕雷以身作则，展现出最为完美的操守。宗教战争期间无论是新教还是天主教的伤员，他都会一视同仁地对待，最为看重的一贯是患者的生命本身。他的行医生涯里保持谦逊的品质，对于经他照料而痊愈的病人，他始终声称："我只负责为他包扎，让他康复的是上帝。"

菲力贝·德·洛梅——16 世纪的开创型建筑师

凭借与狄安娜·德·普瓦捷非常亲近的关系，菲力贝·德·洛梅（Philibert de L'Orme，1514—1570）建造了众多城堡，并负责法国某些建筑的修缮工作。身处中世纪与文艺复兴的交替时期，他融合众家之长，形成了全新的风格，并提出了新的建筑理念。而后回到凯瑟琳·德·美第奇身边时，他建造了杜伊勒里宫。

耀眼的升迁之路

洛梅于1514年出生在里昂一个泥瓦匠工长家庭，由父亲将他带入传统建筑行业里。他们的家族企业规模庞大，据估计雇用了将近300名工人。

1533年，洛梅前往意大利，在当地驻留的3年改变了他的人生。在罗马，他见识了古罗马和文艺复兴两个时期的建筑胜迹。他还结识了两位知名的红衣主教杜贝雷（兼任法国大使）和拉伯雷。返回里昂的途中，行经巴黎时，他又受同样从意大利回来的红衣主教的引荐，进入了政治权力的核心圈，尤其是结交了当时的王储即后来的亨利二世。

1548 年，弗朗索瓦一世辞世。新任国王亨利二世册封洛梅为"御用建筑师、王室建筑特派专员与全权代表"。

王室建筑的设计者

直至 1559 年国王去世的十年间，洛梅独自包揽了法国所有重要建筑的建造项目。尽管负责卢浮宫构造项目的一直是皮埃尔·莱斯科。

洛梅不仅要负责城堡的建造，还要承担工程督查。也就是说，他还要保障后期经营，即建筑的修缮及资金周转问题。

由于跟国王的宠妃狄安娜·德·普瓦捷关系非常亲近，洛梅便负责为她建造阿讷特和圣热莱两座城堡。他还要不间断地询问王室行宫枫丹白露的工程进度，尽管建成这一恢宏"作品"极可能引发前辈们的嫉妒。榭浓索城堡的设计中那座横跨榭尔河的桥梁彰显了他惊世的才华。他还经手了圣莫（他的第一个大项目）、库西、默东等地的城堡和维莱科特雷、圣日耳曼、穆艾、凡森的王家宫殿，乃至巴黎的众多场所。

另外，圣德尼修道院中弗朗索瓦一世的陵墓和一个同名小型教堂旁瓦鲁瓦王朝的合葬陵墓，也都是洛梅的作品。

他的建筑是典型的法式风格，尽管这种风格的根源要追溯到意大利半岛的诸多艺术家那里。然而国王的离世于他而言无疑是一记重击，因为他只不过是一时的忠实宠臣。亨利二世辞世两天后，即 7 月 12 日，洛梅便遭到罢免。他眼看着普里马蒂斯占据了自己的职位。

建筑的现代性

洛梅身处两个世界的交汇点：一边是自中世纪形成的法式传统，他借鉴来的元素有带肋拱门、棱角鲜明的屋顶和垂直隔间；另一边是他目睹的意大利的文艺复兴盛况。而古罗马建筑的古典气息和多样风格也给予了他

不少灵感。另外，尽管洛梅本人坚决不承认，但是显而易见，作为 16 世纪
30 年代的年轻人，他不可避免地也受到了米开朗琪罗及布拉曼特这两位艺
术大家的影响。

然后，洛梅创造的"洛梅风格建筑"中最令人印象深刻的地方莫过于：
建筑师寻找解决办法的想象力。

得益于对砖瓦知识的掌握——第一份砖瓦匠工作所需，洛梅能够在屋
架设计上进行革新：屋架上各种构件异常复杂、纷繁组合，但是总重量却
减轻了，同时却提高了承重能力。再加上安全性有保障，洛梅一下子成为
"混搭"大师。通常来说，他会把多种风格混杂在一起，再创造出一种崭新
的风格。此外，阿讷特小教堂前的两排月桂树，不正是他在爱奥尼亚式、多
立克式及科林斯式等风格以外创造的全新布局吗？目前已经私有化（属于郁
图尔伯家族的私人财产，但是对公众开放）的阿讷特城堡入口处的小城堡，
各种结构嫁接在一起，颠覆性与和谐感并存，呈现出富丽堂皇的视觉效果。

横穿沙漠之旅

利用横穿沙漠旅行的机会，洛梅回归自我，一边是宗教性冥想，另一
边是职业方面的反思。他决定将自己的建筑理念进行梳理与记录。1561 年，
他出版了《实惠易造建筑新思》一书。接着，他着手准备自己的主要作品，
即 1567 年才问世的《建筑学第一卷》。后来，由于对意大利的激情再次点
燃，洛梅前往当地开启了一段新的旅居时光。

昔日的老朋友们都没有抛弃洛梅，狄安娜·德·普瓦捷毫不犹豫地将
自己在贝尼斯城堡的建造工程交给了他。

由于有了权贵们的青睐，随后他又受到多家修道院的邀请，如诺扬地
区的圣埃卢瓦修道院、昂热地区的圣塞吉修道院、伊芙里修道院等 5 家。
这些工程让他获得很多收益。诚然，那些占地广阔又工期漫长的项目更为
引人入胜，但是结账就难了。

重获盛宠

1563 年，掌权的凯瑟琳·德·美第奇召回了这位法国最优秀的建筑师，委派他去扩建圣莫尔城堡。而次年，建造杜伊勒里宫的敕令，标志着他的社会地位的全面恢复。洛梅的设想是：宫殿呈矩形，中央大扶梯上方为半球形穹顶，两侧安置 4 座小钟楼，而宫殿各侧的警卫室和正方形小凉亭都与长廊相接。王后要求她的建筑师改掉宫殿正面的朴素风格，代之以众多装饰性图案。

1570 年洛梅辞世时，宫殿只完成了主体部分。1572 年，凯瑟琳·德·美第奇放弃了这项未竟的工程。随后，一直到亨利四世时才重新动工，那时又增建了一条与卢浮宫相连接的大长廊。到了路易十四时期，著名的建筑师勒沃对宫殿的设计进行了修改，考虑到在建的卢浮宫对杜伊勒里宫形成了逼迫之势，他简化了杜伊勒里宫的构造，工程重新开始。漂亮的中央大楼梯被拆除了。因为在勒沃看来，这个设计将整个宫殿切分成了两块。他代之以配备了众多廊柱的前厅，正上方则是圆形穹顶，并在宫殿北侧尽头搭建了一个新楼梯。1678 年，太阳王将杜伊勒里宫弃置一旁，去入住他的新宫殿凡尔赛宫。众所周知的是 1792 年 8 月 10 日，法国的君主专制制度就在杜伊勒里宫终结了——一群荷枪实弹的人冲了进去。到了 1871 年，"血腥一周"期间，杜伊勒里宫又惨遭巴黎公社分子的焚烧。此后该宫非但没有迎来重建，相反，1882 年时又被摧毁，仅剩弗罗尔和马尔桑两个小亭。

事实上，洛梅的作品已经消失不见，因此后人很难再有精确的认知。尽管阿讷特堡的门面依然装饰着高等美术学院的牌子，圣尼齐埃堡的正大门依然矗立在里昂的广场上……但杜伊勒里宫和由洛梅大师一手建造的其他城堡，再难寻得痕迹了。

第二章

17 世纪：领先荣耀

17 世纪，法国处于波旁王朝的巅峰时期，尤其是路易十四，更是被同时代的人誉为"君主典范"。这个世纪法国出现了医学输血探索、真空与磅秤研究，还有一些发明创造虽然称不上"伟大"，然而至今却依然与我们的生活密切相关，比如计算器、香槟的酿造等。

让 – 巴蒂斯特·德尼斯与 1667 年首例输血试验

在路易十四时期，让 – 巴蒂斯特·德尼斯（Jean-Baptiste Denis，1643—1704）成功将羊血输入人类（试验对象为一个生病的孩子）体内。这一世界首例试验结果显示成功。但是，随后类似的试验却都以悲剧收场，之所以会出现这种情况，因为当时对血型和猕因子还一无所知。

医学进步的年代

众所周知，英国人威廉·哈维的开创性大发现（继米歇尔·塞尔维特[①]的杰出工作后）推动了欧洲医学界的革命。作为医学博士和外科大夫的哈维于 1628 年阐明了血液的流动现象，并记录于《心血运动论》一书中。他在对鱼类进行观察后确信：血液在心脏收缩时顺着动脉流出，又在心脏舒张时延着静脉返回。1651 年，哈维同样为胚胎学奠定了基础。

英格兰学院表现得尤其积极、突出。1667 年，罗伯特·波义耳向英国皇家学会证明，通过人工呼吸的方式，也能维持动物的生命体征。同年，化学家罗伯特·胡克证明，血液在肺部的变化是呼吸的主要特征。31 岁时，胡克与波义耳合作，共同证明了空气对生命的重要性。他通过给狗吹气，并以气体压入其气管的方式论证了自己的观点。

1667 年 11 月，医生罗伯特·洛瓦在牛津大学做了一次试验，成功将一只狗的血输送给另一只，由此获得进入皇家学会的资格。同年 11 月 23 日，他与同事埃德蒙·金搭档，以 20 先令为酬金，说服一名 32 岁的资深神甫参与试验，将羊血输入体内，随后病愈。17 世纪 70 年代，这项技术流传到了荷兰与意大利。

---

① 塞尔维特是西班牙医生、文艺复兴时代的自然哲学家、肺循环的发现者。——译者注

路易十四的御医

让－巴蒂斯特·德尼斯，1643 年出生（也有说法是 1640 年），就读于法国医学界历史最为悠久的蒙彼利埃医学院。1665 年，德尼斯时年 22 岁，来到巴黎定居，从此名声大噪，并成为路易十四的御医。德尼斯崇尚科学精神，于 1665 年出版了《彗星论》一书。随后，他投入输血这一研究领域，因为怀疑输血能够治疗精神病。

法国的输血试验：1667 年 7 月 22 日

这位路易十四的御医是首位进行输血试验的人，试验时间是在 1667 年 7 月。他将 350 毫升的羊羔血输入到一名病重儿童体内，该儿童恢复了健康……

1667—1668 年，德尼斯公布了一些信件以展示其试验的成功，部分刊登在了《学者报》上，另有一封信寄给了德·蒙莫尔先生。他在信中写道："通过输血，以全新的方式治愈了多种疾病。"

1672 年，在《艺术与科学相关论文及会议汇编》中，德尼斯写道："我们在科学方面不断取得新的进步，压力之下撰写了一些令人非常好奇的书。我们创新了奇妙的实验，而我们这个世纪的发现，其价值也丝毫不亚于古人赖以取得的荣耀。"

为法国所禁止的输血行为

然而，德尼斯的成功并未持续多久。实际上，他陆续做的不少新试验是以失败告终的。其中两位患者在输入羊羔血后死亡了，德尼斯因此被指控犯下了谋杀罪。虽然随后王室法庭宣告他无罪，但是宫廷决定禁止在法国境内再进行类似试验。

1704 年 10 月，德尼斯与世长辞，再也不用担惊受怕了……

布莱士·帕斯卡——从计算器到真空论

自小以"神童"著称的布莱士·帕斯卡（Blaise Pascal），先是构思了计算器，接着证明了真空的存在，在物理学界掀起了一场革命。他在概率计算方面堪称开山鼻祖，宗教信仰则选择了倡导清心寡欲的冉森教派——与路易十四统治下宫廷生活的骄奢淫逸截然不同。

神童天才

布莱士·帕斯卡于 1623 年 6 月出生于克莱蒙－费朗，是奥弗涅地区一位税务纠纷高级法院院长的儿子。父亲很早就注意到小布莱士超乎常人的智力水平，于是举家迁到巴黎居住，并亲自负责儿子的教育工作。帕斯卡的一生为人所熟知，还多亏了他的妹妹吉尔贝特——后来成了他的传记作者。频繁出入于他家的客人有罗贝瓦尔（磅秤的发明者）和梅森神父（教士，几何学大师），帕斯卡沉浸在这种浓厚的知识氛围中，12 岁便重新发现了欧几里得几何。他还借助小棍和圆圈，在没有参考任何相关书籍的情况下，演算出欧几里得第 32 个命题。1639 年，他用拉丁文写就一本《论圆锥曲线》，总结了阿波罗尼奥斯·德·裴日以来圆锥曲线方面所有的研究成果。

1642 年

1642 年，这位少年天才 19 岁时，由红衣主教黎塞留指派他的父亲，担任鲁昂财政区的税务总监。见到父亲的繁重工作，帕斯卡便构思出一种机械式计算器来帮助他。德国图宾根人契克卡德之前也设计过类似机械，但是该机械在 1624 年的一场火灾中已经被焚毁。与其相比，帕斯卡花费了 3 年时间（1642—1644）造出的这个命名为"帕斯卡利娜"的加法器，才在机器计算史上掀起一场真正的革命。遗憾的是，帕斯卡的计算器只能进行加与减的运算，暂时无法满足乘与除的计算需求——四种运算方式还要等到 1673 年，由莱布尼茨创造出一种全自动的机器才算解决。此外，这个"计算器"操作起来一直都颇费体力，年轻的帕斯卡甚至因此积劳成疾。

真空存在的证明

1647 年，帕斯卡在著作《论真空》（又名《真空相关实验》）中提前发表了未来的实验结论：他证明了真空的存在并以此为流体静力学（即研究流体平衡状态的条件）奠定基础。

在托里拆利（Torricelli）的实验之后，帕斯卡想进一步证明空气的压力——换言之即大气的压力，才是这位发明气压计的意大利人所观察现象的原因。帕斯卡从一个简单假设出发：空气的压力会随着海拔的升高而降低。

第一次的实验在多姆山顶进行，随后又重复了两次，一次在鲁昂，另一次在巴黎的圣雅克塔。

1648 年 9 月 19 日，帕斯卡来到多姆山顶（实际上，因为身体不适，由姐夫弗洛朗·佩里埃代替）。他将托里拆利设计的两支气压计，分别置于山顶与山脚，从而观察气压计中水银柱的高度差异，由此发现了重力、气压与真空的存在。1648 年年末，帕斯卡撰写了《记流体平衡实验》，有力地驳斥了"自然厌恶真空"的说法。这一发现至关重要，因为意味着真空状态可以人工实现，甚至可以说为实验物理学奠定了基础，是粒子加速器的研究之源。另外，也不应该忽略：双真空器正是蒸汽机运转的基础原理。帕斯卡的作品《论空气重力》与《论流体平衡》，在他 1662 年去世后才被发现。书中述研究了如何确定容器壁上的流体压力，并因此建立流体平衡定律。

概率的计算

1653 年，在与骑士德·梅勒交谈的过程中，帕斯卡受其启发，尝试研究概率的计算问题。这位德·梅勒先生是一位了不起的人物，半博物学家和半文学家，虽然嗜赌，总体上也算为人正直。1654 年，帕斯卡便发现了"算术三角形"的概念，进而建立了幂的系数。他当时不过是想从数学的角度解析赌博游戏中一些数字组合，谁知竟开启了一条新的道路。在这条道路上，艾萨克·牛顿继而推导出了"二项式定理"。

其他小发明

当帕斯卡还居住在鲁昂时，他造出了一种类似独轮车的双轮椅，命名为"轿式人力车"；还设计出一种侧面没有挡板的双轮马车，或者说是平板马车，用来运送酒桶。

随后在 1658 年，即使病痛缠身，他依旧坚持研究几何曲线的属性，尤其是圆锥曲线，又名旋轮线。沿着伽利略、笛卡尔和托里拆利的研究轨迹，他将自己的研究成果都写进了《旋轮线总论》一书中。该书堪称无穷几何学的前身。

最后，1661 年，他与朋友德·罗阿讷兹公爵一起，还推出了"5 索尔①"公共马车，为巴黎人建立起首个公共交通系统，相关收益都捐赠给了布卢瓦地区遭遇饥荒的穷苦农民。

冉森派信徒和慈善家

避而不谈伟大的帕斯卡在哲学及宗教方面的论战，其形象依然崇高，但是这不公平。没有人比他更为彻底地实践了那句名言"没有良知的科学只是灵魂的废墟"。自 1654 年以来，他坚定地支持皇家港修道院一派，

---

① 一种钱币，"苏"的另一种叫法，20 索尔等于 1 法郎。——译者注

激情昂扬地投入冉森教派与耶稣会的论战中。很快，他便超越阿尔诺[1]、萨奇[2]、尼科尔[3]，成为冉森教派的第一执笔人（同时也是喉舌）。这个于耶稣会而言冥顽不化的敌人在《外省人书信》（又名《小书信集》，全称为《路易·德·蒙塔莱致一外省朋友及耶稣会会士们关于这些神父的道德与策略的信笺》）中阐释了他对于恩典说的信仰。帕斯卡作为严肃虔诚的天主教徒，同时也是优异的辩手，雄辩且自然的法语文风的创造者，并且一生都对信仰忠贞不渝，堪称典范。面对精英人士的怀疑主义和不信宗教，终其一生，他都在竭尽全力地称颂基督教。帕斯卡39岁时英年早逝，一生清贫，因为他把资产都拿出来接济穷苦大众。他才华横溢的程度与其乐善好施的程度不相上下。他最欣赏的话语中，其中有一句是："我爱清贫，因为耶稣也爱之。我爱财富，因为财富能够用来帮助穷苦之人。"

1670年，帕斯卡的在皇家港口的朋友们搜集了他所有散落的笔记、随性记下的语句，以及几乎尚未修正的思想，最终装订出版。这便是他留于后世的作品中最著名的《思想录》。

唐·佩里侬与香槟酿造法

圣皮埃尔·道维埃修道院的修道士唐·佩里侬（Dom Pérignon），发明了香槟酒的制作方法。他在试验中，尝试将多个品种的葡萄汁融合在一起，随后加入糖以促进二次发酵。自18世纪，这种气泡酒非常快地传播开来……

---

① 法国冉森派神学家，同时也是逻辑学家、哲学家，人称"大阿尔诺"。——译者注

② 法国冉森派神学家，尤其以翻译《圣经》而知名。——译者注

③ 法国冉森派神学家，冉森派代表人物之一。——译者注

圣皮埃尔·道维埃修道院的修道士

唐·佩里侬，1639 年出生于圣梅内乌尔德，先是进入香槟沙龙地区的耶稣会学校，17 岁时转入凡尔登地区的修道院。他在那里遵循知识学习、祈祷、体能锻炼并举的严苛规定。1668 年，29 岁时，佩里侬被派往圣皮埃尔·道维埃修道院，并在那里度过了一生。他担任总管事或者说是后勤负责人，负责保管修道院的食物。因此，他得想办法让修道院状态不佳的葡萄园和压榨场盈利起来。

他马上便会证明，自己是个兼具意志与才华的人。

第一次创新

尽管不怎么懂葡萄，佩里侬的直觉告诉自己，他可以混合不同品种的葡萄，从而获取更好的葡萄汁。在收取什一税时，他让人运来各类葡萄抵税，从而制造出一种口感更为均衡的葡萄酒。渐渐地，他对葡萄酒的口味有了真正的认识，而且从不允许他人插手酿酒的过程，坚持由自己来挑选葡萄的产地和成熟度。很显然，混酿的学问对于高品质葡萄酒的酿造至关重要。

发酵大师

佩里侬不会忽视这些现象：葡萄酒风味向着有利于香槟酒的方向发展。由于二次发酵，香槟酒色泽清透、起泡丰富，还带有悦耳的气泡声，在法国自亨利四世时代起，就大受欢迎。英国也不例外。英国的贵族们在品赏前往酒杯里加一点糖，酒液内便会出现一连串气泡。他们还时常往他们的"香槟"酒里添加桂皮，甚至丁香。但是，还没有人能够在酒瓶里催生出起泡反应。酒桶中的酒，来年装入酒瓶前，就一直在"沸腾"。

那年佩里侬用蜂蜡取代木钉，给酒瓶封口。结果几个星期后，酒瓶爆炸了。他很快明白了事故的原因：蜂蜡中的糖分不慎掉入酒液中，引起了第二次发酵。香槟酒的制作方法由此诞生，至少据估计是这样。佩里侬从此也知晓了如何在酒瓶中催生并监测发酵。而传说中他那时用软木塞代替蜂蜡，就不太可信了。此外，事情的经过也有可能是他用了木制塞子，然后往瓶中加入糖来观察由糖引发的二次发酵的过程……

从唐·佩里侬到修纳尔

1715年，佩里侬和路易十四死于同年，那时的香槟酒贸易已经发展得很普遍了。从1729年起，尼古拉·修纳尔就预感到香槟酒会大受欢迎，于是成立了一家贸易公司，并在兰斯城挖了泥灰岩材质的地窖用来储藏他的瓶装香槟酒。克洛德·穆埃、菲利普·凯歌、弗洛伦斯－路易·白雪随后也模仿了他的创意。香槟酒各大家族的传奇故事由此拉开了帷幕。

然而，佩里侬并没有被彻底遗忘，每个香槟大家族都完全知道欠了这位谦逊修道士什么。为表达纪念，香槟家族中的龙头老大——穆埃－轩尼诗，作为同名品牌的持有者，将自家葡萄酒中最负盛名的几款酒命名为"唐·佩里侬"。

吉尔－佩尔索纳·德－罗贝瓦尔与磅秤

吉尔－佩尔索纳·德－罗贝瓦尔（Gilles Personne）是哲学及数学的双料教授。在他所处的时代，幸好这两门学科还未分离，互为补充。他在法兰西学术院展示了自己著名的磅秤：两个托盘保持在水平状态。他在各个学科领域都有卓越的表现，尤其发明了正弦曲线。科学界同仁为了表达对他的敬重，用他的名字命名了一组几何曲线。

寒微出身

吉尔－佩尔索纳·德－罗贝瓦尔，1602年出生于一户姓佩尔索纳的农民家庭，当时正值亨利四世统治时期。他们一家本来是住在博韦地区一个叫作罗贝瓦尔的小镇上。与他家毗邻的吕伊地区的教堂有一位神甫，此人后来成为玛丽·德·美第奇的指导神甫。这位神甫很是欣赏小佩尔索纳的机灵与聪慧，为他提供了优良的教育。不多久，佩尔索纳着手环游全法国以增广自己的见闻。途中发生的两件事加速了他以后的职业发展：一是在波尔多与精通几何学的大数学家皮埃尔·德·费马（帕斯卡盛赞其为"世界第一人"）相遇；二是 1627 年来到拉罗谢尔，那时黎塞留刚开始围攻这座城。费马当即意识到这个年轻人的聪明才智，而红衣主教更是赞叹他在弹道计算方面的精准性——这个才华甚至使得围攻成功提前结束。

1628 年，吉尔·佩尔索纳来到巴黎。

法兰西公学院教授

很快，博韦地区的领主送来消息，允许佩尔索纳将自己的姓氏冠上德·罗贝瓦尔这几个字[①]，从此他也被同行所承认。帕斯卡、伽桑狄、托里拆利、笛卡尔、梅森神父、霍布斯更是纷纷将他纳入自己的朋友圈……

1631 年，罗贝瓦尔被提名为热尔维学院的哲学教授。次年，他又收到法兰西公学院的邀请，成为该学院数学教授。但是即便已身兼两职，他还是禁不住第三个职位的诱惑：伽桑狄的讲台。这份工作涉及范围甚广，不仅涉及几何学，还涉及音乐、天文，乃至光学，甚至延伸到机械领域。

尽管涉猎广泛，罗贝瓦尔将每一份工作都完成得很好，深得上层圈子的赏识。但是由于某些很隐晦的理由，他不断地反对笛卡尔，尽管他内心深处也是个笛卡尔主义哲学家。虽然一向行事低调，但是罗贝瓦尔却与另外 6 名学者于 1666 年成立了法国科学院。

---

① 意即成为贵族。——译者注

著名的发明：磅秤

1669 年 8 月，罗贝瓦尔向新成立的科学院展示了他设计的磅秤。这项发明的亮点在于一个简单的巧妙设置——能使两个托盘保持在水平位置上。两个托盘位于天平横梁之上，而不再是悬挂在下方。

其他发明

尽管罗贝瓦尔生性谨慎，贴身保存自己的发明创造，但还是被其他人"盗走"了一些发明成果。例如，不可切割几何图案的破解方法的冠名权就被剥夺了，反而归卡瓦列里所属。另外，他还尝试搭建切线来解决几何曲线的问题，并创造了正弦曲线来解决摆线的问题（即用积分法求得拱形图案的面积），但是成果也成了别人的。不过，历史最终给予他公道：将一组几何曲线以他的名字命名，即"罗贝瓦尔曲线"。

在力学领域，他沿着牛顿走过的道路，提出了重心的概念。作为天文学家，他又对万有引力产生了浓厚的兴趣。罗贝瓦尔写过很多专著，但是他生前出版的仅有两部:《力学原理——斜面受力支撑分析》和《阿里斯塔克·德·萨莫斯的世界体系》。

1675 年，罗贝瓦尔突然辞世。20 年后，法国科学院出于还他公道，出版了他的几部数学著作，部部艰深复杂，尤其是《不可分几何》和《对运动组成和曲线切线方法的观察》。

第三章

18 世纪：应用科学的肇始

18 世纪，法国的科学技术呈现飞跃式发展，从计算器、冶金、蒸汽机，到飞行器、空中远程通信，从化学到内燃机、降落伞直至电的发明，一系列的发明、发现，助力法国走入世界强国之列。

雅克·沃康松——自动机器大师

雅克·沃康松（Jacques Vaucanson）在物理学、音乐乃至解剖学领域都是天才。他不仅绘制了人体结构的解剖图，更是创造了真正的机器人。众所周知，他曾制造过"吹笛手"和"鼓手"，他发明的机器鸭子甚至还能自行"进食"。

早早显露的天赋

1709 年，雅克·沃康松出生于格勒诺布尔，他很早就展露出了机械方面的天分。每周日，他都会去观察房中的时钟，仅仅是通过"观察"这个方式，他便能构想出零部件的模样、分布及其运行情况。随后，沃康松制作了一个木质的同款时钟，走针也非常精准。从此以后，他确定了自己的志向。于是，他来到巴黎学习解剖学、物理学、音乐和机械。

从小小的钟表修理工做起，很快沃康松便成为机器人设计师。

沃康松与弗朗索瓦·魁奈、克洛德－尼古拉·勒卡等机械领域大咖的往来起到了关键性作用。他们鼓励沃康松绘制新的人体结构分解图以详细展示人体不同的部位。而沃康松的梦想不止于此，他还要制作出真正的机器人。

吹笛手和鼓手

自 1733 年起，他开始制造第一个机器人——吹笛手，1737 年完成。1738 年，他制作了第二个机器人——打鼓手。这些机器人都显得活灵活现。吹笛手机器人能够演奏出 11 首不同的曲目，它的嘴唇和手指都是活动的。制作机器人使他获得了巨大的成功，尽管很多人还以为这不过是他的障眼法。实际上，这些机械制品的运作原理是非常复杂的。例如，机器人内部有 9 个风箱，风箱制造出不同的气流，并借助 3 根导管来营造不同的音调，而导管本身还与小贮气囊相连接。导管并在一起直通机器人的嘴巴，口部装有活动的滑片，可以实现呼吸（或是切断气流），进而制造声音。

仿真鸭

这一次，沃康松制作了一个活蹦乱跳的动物：一只喝水、进食、消化、游泳样样不差的鸭子。它会伸长脖子，啄取谷粒，内部的磨石把食物消化了，通过肠道，最终从括约肌处排放。它的脚靠关节与躯干连在一起，能够在水中划动。沃康松把当时的机械理论实践得如此完美，他曾经说过："人的身躯和机器不都是可以自己动弹的嘛。"这种构造高度复杂的机器，不是只有上帝才能造得出嘛。

其他精巧的创造

为了将马蒙泰尔的剧作《克里奥佩特拉》还原得更加有戏剧性，沃康松制作了一条蝰蛇，使它一边发出嘶嘶的声响，一边扑向演员的胸腹部。

随后，他制造了第二只机器鸭子。

丝绸业的改组人

红衣主教弗勒里（兼任路易十五的教师，1726 年起担任首席大臣）对国家的经济状况深感忧虑，便要求沃康松对丝绸业进行整顿。

实际上，沃康松正想着制作真正的机器人。而他即将接受的新任务，几乎没有给他留下发明创造的时间——这是一个巨大的遗憾。

沃康松开始制造一种自动化纺织机，可以将两股蚕丝扭成一股，然后制成纬纱。随后，他又设计了一款手动织布机。他的创意不止于此：他发明了经纱，并采用机器进行批量生产。众所周知，经纱是纺织机带动丝线对纬纱进行环绕式包裹，即丝线缠绕的方向与纬纱是垂直的。

1746 年，沃康松进入法国科学院。1782 年，沃康松去世。孔多塞[1]专门来到他家中念了称颂悼词。1794 年，法国国立工艺学院成立时，向沃康松进行了隆重悼念。

沃康松去世时，留下了大量机器，它们流散在他处或不知所踪。因此，无法确定雅卡尔发明的那台著名的提花机在多大程度上受到沃康松的启发。

埃佩神父与手语

埃佩（Abbé）神父是 18 世纪公认的正直之士。作为冉森派教徒，他表现得如同所有真正的教徒一般，给两个年轻聋哑女孩提供过帮助。他的命运也就此改变：埃佩后来倾尽了资财和一生的时间，为听力障碍人群及聋哑人士专门创办了一所学校。他发明的自然手语帮助这些不幸的人走出了离群索居的状态。

教士生涯遭遇变故

夏尔－米歇尔（Charles-Michel），后称埃佩神父，1712 年出生于凡尔赛地区，父亲是御用建筑师。埃佩原本打算从事神职工作，并接纳了执事的职位。身为冉森教派的拥护者，他拒绝在著名的亚历山大七世宣誓表上签字，这使得他远离了教会的职务，于是埃佩去当了一名律师。但是大主教柏恕的外甥——与其同名的特鲁瓦地区主教，给他提供了教内的岗位和议事司铎（人称大司铎）级别的津贴，埃佩便成了颇有名望的传教士。庇护人柏恕主教离世后，他结交了下阿尔卑斯省瑟内地区（卡斯泰朗地区）的主教。此人是罗马教廷在教皇谕旨《圣子通谕》中公开指名的敌手，因

---

[1] 孔多塞（1743—1794），18 世纪法国启蒙运动时期最杰出的代表之一，同时也是数学家、哲学家和政治家。1782 年当选为法兰西学士院院士。——译者注

此巴黎大主教免去和禁止埃佩一切宗教职务及活动。

1760 年被聋哑姐妹改变了人生

这对聋哑姐妹的家庭教师本是瓦宁神父，他去世后，由埃佩负责继续为她俩提供教育，还不收取任何费用。就在这一年——1760 年，埃佩的命运发生了巨大改变。他不知道的是：此时此刻，彭斯·德·莱昂、佩雷拉，这两位对特殊儿童提供专门教育的人，已经做出了一些成果。埃佩在现有的自然手语手势的基础上，加入了一些语法规则，形成了自己的一套手语体系。简要来说，他设计的手势只需要遵循句法和逻辑层面的规则，就可以直接传达想法。其实埃佩不知道的是，当时已经形成了另一套供听力障碍人群使用的语言，推测的依据正是 1779 年印刷的德洛热①的书。

开办学校

埃佩拿出自己微薄的积蓄，加上他人的捐助和旁提耶夫公爵的拨款，开办了第一所聋哑人学校。为了节约使用本就极少的经费，他过着非常简朴的生活，在冬天都不怎么烤火，粗衣陋食也甘之如饴。埃佩的家位于罗什高地的磨坊街 14 号，毗邻卢浮宫，这里也是聋哑学校的校址，直到 1789 年去世前，他接纳的学生达百名左右。埃佩离开人世前应当是欣慰的，因为他创立的通用手语将听力障碍人群和聋哑人重新带入社会的怀抱，也向世人证明了这些人也是具备理性思维的。

沿用了 40 年的手语

1774 年，埃佩出版了一本《聋哑学校及系统化手语》（似乎是匿名发

---

① 皮埃尔·德洛热与埃佩属于同一个时代，在可能是历史上第一部由聋人出版的书中（1779）部分描述了古法语手语，证明了古法语手语在建立之前确实是聋人的发明。——译者注

表），随后开始撰写《聋哑人语言所需手势通用词典》，他还留下了手稿形式的《课程》（共 6 卷）。他利用学生的视觉记忆来弥补其听觉记忆。当然，这一切的实现需要阅读唇语，还得学习发音。埃佩提倡，在教学中可以加入补充性课程，例如阅读和写作。后来，他的事迹传播开来，培养的教师甚至学生在欧洲范围内推广他的方法，这种手语体系直到 1830 年还在各地运用。

国家的感念

1791 年，即埃佩离世 2 年后，制宪会议提出，因为这位全人类的恩人有功于国家，所以成立了聋哑人学会来延续他的博爱事业，并以此表达国家的感怀之情。1786 年，西卡尔神父仿照埃佩在巴黎建立的那所聋哑学校，在波尔多也成立了一家。西卡尔被当作嫌犯关押起来后，他的学生向国民公会递交请愿书，但是国民公会还是拒绝释放西卡尔。结果他因祸得福，奇迹般地逃过了 1792 年 9 月发生的大屠杀。

1795 年，西卡尔终于进入了聋哑人学会。

勒内 - 安托万·费尔乔·德·列奥米尔——从冶金到酒精温度计

勒内 - 安托万·费尔乔·德·列奥米尔（René-Antoine Ferchault de Réaumur）兼具多重身份：见识广博的学者、杰出的博物学家（纠正了关于软体动物、鸟类、虫类的认知错误）、冶金理论家、一种瓷器的发明者（以他的名字命名），他甚至还设计了酒精温度计。

博学之人

列奥米尔出生在一个富裕的家庭（拥有家族的部分领地）。他先后在普瓦捷和布尔日学习，专业为法律和数学。由于对物理学产生探究的热情，1703 年起，他来到巴黎深造（时年 19 岁）。很快，他的研究重心转移到了动物学领域。他先是研究了陆生和水生软体动物的壳，还发表了多篇关于动物的论文，涉及无脊椎动物、蜘蛛（及其吐丝）、鳌虾、马蜂等。总之，甲壳动物、软体动物、虫类、鸟类乃至海藻的繁殖，其研究范围是无所不包的。1708年，列奥米尔进入法国科学院，并担任《法国工艺美术总述》的总编辑工作。作为杰出的观察者，他提出，石珊瑚与珊瑚应当属于动物而非植物。

1720年至1722年，列奥米尔在当时的摄政王菲利普·德·奥尔良的支持下，撰写了十余篇有关冶金的论文。摄政王为了表示嘉奖，打算每年都发放一笔奖金给列奥米尔，但是他选择全部捐赠给法国科学院，展现了一个科学家淡泊名利的优秀品质。

列奥米尔还研究过岩床的形成和温度计的制作方法。1734年起，他陆续出版了6卷本的《昆虫史志》。他去世后，还有关于蚂蚁和金龟子的遗稿面世。

1739年，列奥米尔撰写了一篇关于一种新制瓷工艺的论文。1751年起，他集中精力进行鸟类的研究，如饲养、孵蛋、消化、筑巢等。他的陈列室规模庞大，对于科学研究非常有帮助，而之所以为众人所知，多亏了陈列室的保管员同时也是他妻子的外甥——马蒂兰·雅克·布里松。

列米奥尔撰写的研究报告至少有50多部。

冶金学家

想要把列奥米尔全部的发现做个归类，可不是件容易的事。而他多部有关冶金方面的作品的重点是可以肯定的。除去给法国境内适合淘金的河流做了汇总，他还想要提高国内不尽如人意的钢铁产量。他通过实验证明了钢并非纯化后的铁（当时的普遍认知），还描述了通过添加氧化物将铁转化为钢的过程。借助显微镜，他研究了金属的组成成分，还创立了一门崭新的学科——金相学。他能够描述出钢的热处理、渗碳和淬火多个步骤。

最终，列奥米尔开发出一种不仅工序简单，而且成本低廉的马口铁制造工艺。

陶瓷器

列奥米尔本身对熔炉了解颇深。他研究了玻璃的烧制工艺，发明了一种白色的不透光玻璃，被命名为"列奥米尔瓷"。这种产品实际上不过是经过加热和冷却两道工序处理过的脱硝玻璃，因此这样命名其实并不合适。

酒精温度计

列奥米尔是第一个想到制作酒精温度计的人。他把温度计的测量区间设定为 0℃~80℃，前者是水的冰点，后者为酒精的沸点。然而他并没有区分酒精和水的沸点（实际上是不同的），因此这种温度计无法测量水沸腾时的温度。

植物、水生无脊椎动物、昆虫、鸟类及鱼类

对于标题指出的所有研究对象，想要叙述列奥米尔众多作品中与之相关的全部内容，几乎是不可能的。这里只能列举其中部分优秀的研究成果，如甲壳类动物四肢的再生、珍珠的形成、黄蜂和蜜蜂的消化系统、电鳐的放电行为、贝类的移动方式及其磷光现象……而在鸟类方面，列奥米尔的论文兼具完整与精确的特点，因此是杰出的研究成果。

德尼斯 - 帕潘和约瑟夫·居纽与蒸汽机

和众多加尔文教徒一样，德尼斯·帕潘（Denis Papin）逃离了路易十四统治下的法国。他拥有卓越的科学素养，发明了第一口高压锅和第一台蒸汽机。可惜的是，帕潘最终惨淡地结束了一生，没能认识居纽——第一位将蒸汽机安装到汽车上的人。这样设计的车辆能够在平地上以每小时 4 千米的速度运送大炮，堪称高效！

德尼斯·帕潘在法国可不是先知！

德尼斯·帕潘，1647年出生于布卢瓦地区，起初进修的是医学，但是真正感兴趣的是物理学。1669年，帕潘获得博士学位，进入皇家科学院，开始跟随大物理学家惠更斯工作，后来又与莱布尼茨共事。1674年，帕潘撰写了《关于真空的新实验》，并在其中描述了这种用来制造真空的机器：真空制造机。

当时的法国对胡格诺派[①]抱持敌视的态度，身为加尔文派教徒的帕潘只得逃离法国，前往伦敦追随罗伯特·波义耳（正巧因病招募助手）以继续他的研究。1679年，帕潘设计了第一口高压锅：让铸铁缸中的蒸汽压力升高，并利用安全阀避免爆炸。对于这个设计，帕潘先是用英语写了篇论文，随后，1682年翻译成法文，题目为《如何在极短的时间内，以较低的成本将骨头煮软，将各类肉煮熟》，并在其中对能够达到这一效果所使用的机器进行了描述。

这便是高压锅的前身，其设计很大程度上是出于社会需求：如何将冻得坚硬的骨头和肉块转变成可食用的状态。英国对于这项发明极尽感激，邀请帕潘加入享有盛名的皇家学会。

帕潘与蒸汽机

帕潘深知奥托·冯·格里克和惠更斯先前发明所依据的科学原理：用泵在气缸内制造出真空的环境，随后点燃火药，激活活塞的运动。而帕潘只是将火药换成了水蒸汽。这个17世纪90年代诞生的理念，后来整理成论文，出版在德国（他定居的地方）刊物《莱比锡的学术活动》中，题目为《以极低的成本产生巨大动力的新方法》。帕潘发明了第一台活塞式蒸汽机，提举力达30千克。

后来，托马斯·萨维利用锅炉制造水蒸汽。1712年，纽可门制造出第

---

① 胡格诺派是基督教新教加尔文教派在法国的称呼。——译者注

一台实际可操作的蒸汽机，这些成果都得益于帕潘的先驱性工作。纽可门设计的机器可以将英国煤矿深处的积水抽干，这无疑是一场重大变革——拉开了煤矿大规模开采的序幕。而到了 1769 年，经瓦特改良后的蒸汽机，更是引发了英国工业革命，因为蒸汽机在其中发挥了主要的推动作用。

艰难的晚年

17 世纪 90 年代，帕潘尝试开发第一艘潜水艇"潜水员"号，试行地点选择在拉恩河，然而首次下水便发生解体事故，第二艘才实现了成功下潜与运行。

在黑森－卡塞尔做伯爵幕僚时，帕潘又发明了不少新东西：提水机、存酒机、矿洞通风机、玻璃煅烧炉、引鱼灯、面包烘炉、蒸煮海水从而实现快速产盐的机器等。这位通才还发明了一艘带桨轮的船，由蒸汽机驱动的抽水机来提供动力。当这艘船成功下水航行后，水手们担心会就此失业，便把帕潘的发明砸毁了。于是，他不得不逃亡到英格兰，但是被誉为天才的艾萨克·牛顿已经崛起，英国皇家学会对他不感兴趣。帕潘为了维持生计，只得贩卖自己的发明成果。最终，大约在 1714 年，已被众人遗忘的他在贫苦中死去。

尼古拉－约瑟夫·居纽制造了第一台蒸汽车

尼古拉－约瑟夫·居纽（Nicolas-Joseph Cugnot）原本是一名军方工程师，1763 年退役后，便全身心投入他的个人研究中。1769 年，他出版了《战场上的理论性与实用性防御》一书。他提出设想要制造一种拉货板车，引起了舒瓦瑟①和格里博瓦尔②的注意。1769 年，首个模型完工。1770 年，

---

① 舒瓦瑟公爵，法国将领，政治家、外交官，法国国王路易十五的重臣。——译者注
② 格里博瓦尔，法国 18 世纪中叶最伟大的炮兵专家，创立了以自己名字命名的火炮系统。——译者注

实物大小的成果面世，然而实验却很难说是成功的。

这种蒸汽式板车 ["板车"一词的词源是"fardeau（负重）"，用于重荷运输] 在搬运大炮时可以代替马匹牵引。性能方面：长 7.25 米，宽 2.19 米，后轮直径 1.23 米，空载时 2 800 千克。这种板车身形笨重，行速缓慢，蒸汽锅炉一次只能使用一刻钟。配备的是纽可门式常压蒸汽机，其运作原理是由蒸汽锅炉产生的蒸汽推动两支柱塞上下活动，进而带动驱动轮的持续旋转。但这种板车启动缓慢，必须等到锅炉中的水烧开，产生蒸汽才行；由于自身重量已经过于沉重，所以无法进行爬坡；至于制动，依赖一个基本无效的简单踏板——第一次测试便刹不住车，将一面墙撞塌了。显然，这种板车能够跟随部队在平地上行进，而在崎岖不平的地带就不如马匹来得灵活。因此，舒瓦瑟的继任者们纷纷放弃了这个项目。板车的造价确实颇为昂贵，高达 2 万里弗尔[①]。

作废的板车

这辆板车（又名火力推车）唯一的成品，被弃置在军火库，随后转移到圣马丁 – 德尚修道院，最后被巴黎工艺美术博物馆收藏，供人观赏。

居纽试图继续这方面的研究，但是失去了资金援助，他没能取得什么成果。法领馆定期发放的津贴不多，居纽只能维持较为清贫的生活，直至 1804 年逝世。后人感到惋惜，如此前瞻性的发明夭折得太早，否则居纽肯定可以改进其缺陷，毕竟这台机器还不够强劲。因此，法国的机械化运输被延误了半个世纪之久。

约瑟夫 – 伊尼亚斯·吉约丹医生与断头台

约瑟夫 – 伊尼亚斯·吉约丹（Le docteur Joseph Ignace Guillotin）医

---

① 里弗尔，法国古货币，1795 年由法郎所代替。——译者注

生被认作断头台的发明者，这有失公允。这套以他名字命名的装置先前便已存在，而他只是推荐使用，以缩短死刑犯的痛苦。他是第一个在法国推行强制接种天花"疫苗"（由英国人发明）的人，还是法国医学学院的创始人。

杰出的医生

约瑟夫－伊尼亚斯·吉约丹于 1738 年出生于桑特地区。他在巴黎学习医学专业，还受到了知名外科医生佩蒂特的严格指导。在获得博士学位后，他应邀加入了皇家委员会，参与验证动物磁气说的真伪性。奥地利医生麦斯麦尔声称，磁铁的磁性和疗愈性是可以转移的。他制造了一个磁铁材质的坐盆，鼓吹向患者传递磁流、用铁棒触碰患者，便能得到治愈。麦斯麦尔的宣传大获成功，以朗巴尔公主为首的大人物们纷纷涌向他位于路易－勒格兰广场（即旺多姆广场）的宅邸。而吉约丹在著名化学家贝尔托莱和本杰明·富兰克林的支持下，不断揭露麦斯麦尔的江湖骗术，赢得了这场论战的胜利，后者只得逃离法国。

断头台

作为大革命的坚定支持者，吉约丹当选为巴黎第三阶级民众的代表。他还成为制宪会议的成员。刑法改革方面，先前的酷刑被废除。在吉约丹的影响下通过了一些人性化的条款，特别是著名的第六条规定："重罪当斩首，行刑宜简便。"于是，1791 年 6 月，依照处罚平等的原则，具备羞辱性降低、快速致死、不甚残暴等特点的斩首，取代了各种残虐的处决方式。

吉约丹建议采用一种在国外早已广为人知的机器（他绝不是发明此物的罪人），尤其是在英国（被称为哈利法克斯刑架），甚至是在法国也已存在（1632 年即路易十三统治时期，法国元帅亨利二世·德·蒙莫朗西可能正是在图卢兹接受了这种斩首的刑罚，处决他的是一台试验性器具，行刑时会从两根柱子间落下一把斧头）。

这台著名的机器从此得了个诨名——吉约丹，实在是有失偏颇。后来，外科学院秘书安托万·路易斯和机械师施密特改进了断头台。1792 年 4 月 25 日，"吉约丹"第一次投入使用，受刑者名为尼古拉－雅克·佩尔蒂埃，他被指控对盗取其钱包的小偷进行了多次砍斫。格列夫广场上人潮涌动，佩尔蒂埃当众被砍下了脑袋。同一时刻，在斯特拉斯堡，鲁日·德·李尔为莱茵河驻军谱写的《战歌》传唱开来，这便是将来的《马赛曲》。

图像化的词汇

吉约丹的断头台挑起了死囚牢中社会名流乃至囚犯们的想象力。他们在行将赴死之际，会在每日点名前以示挑衅，给断头台起的绰号有"寡妇""加佩的领带""国家的剃须刀"，也有些不乏诗意的，如"把头搁进通风窗""袋子里打个喷嚏""鲤鱼打挺"，甚至是"向窗口问个时间"等。我们可以看到，惊恐和讽刺在一场奇怪的语言芭蕾中交相融汇，无疑都是为了抵御断头台这位"死神"的到来。

大善人吉约丹

大革命的"恐怖时期"让吉约丹深受折磨，他将种种乱象揭露了出来，结果被逮捕。1794 年 7 月罗伯斯庇尔骤然倒台，他得以侥幸逃脱。

之后，吉约丹投身于公共卫生事业。当时，英国医生爱德华·詹纳于 1796 年发现接种疫苗具有防治天花的功效，吉约丹效仿他的做法，并努力在法国推广。首先，他要获得曾在巴黎圣母院为拿破仑一世加冕的教皇庇护七世的支持，接着是帕蒙蒂耶（著名农学家），吉约丹一路抗争，终于在 1805 年获得支持。此后，拿破仑大军进行强制性疫苗接种，1811 年，皇帝还匆忙让人给罗马国王接种……

创办法国医学院的想法也是他提出的。大革命使法国医学陷入悲惨的境地。1804 年 9 月，他将大约 30 名伟大的同行（他本人当时是解剖学、生理学和病理学教授）召集到阿列格旅店。10 月起，这一协会的人士都定居在了巴黎布洛瓦街。

1814 年，当盟军准备入侵首都巴黎时，精疲力竭的吉约丹溘然长逝。

克洛德－弗朗索瓦·茹弗鲁瓦－达邦与第一艘蒸汽船

克洛德－弗朗索瓦·茹弗鲁瓦－达邦（Claude François Jouffroy d'Abbans），在里昂建造了第一艘蒸汽船，并驾驶着这艘长度达 45 米的"派罗斯卡夫"号①在索恩河中逆流而上。但是，他还得等个几年，才能看到他的发明引起大众的关注，看到他建在沙隆地区的内河造船厂进行一次举世瞩目的活动。然而，在拿破仑三世统治时期，他的船运还是被铁路取代了。

船舶工程师

克洛德－弗朗索瓦·茹弗鲁瓦－达邦，1751 年出生于香槟行省的罗尼翁河畔拉罗什地区。他是蒸汽时代的一名工程师。他曾经与阿尔图瓦公爵发生爱情纠纷，后被公爵关押在了圣玛格丽特岛。站在单人牢房的窗口，望着海面上川流不息的帆船，他想着造出一种用蒸汽驱动的船只。

1778 年，他建造了一艘蒸汽船，命名为"巴拉米贝德"号②，驾驶着这艘船在杜河中的冈德湖（位于博姆莱达姆地区）上完成试航。

随后，1783 年，"派罗斯卡夫"号开启了它的伟大冒险航程。

"派罗斯卡夫"号在索恩河中逆流而上

尽管达邦是克洛德－弗朗索瓦家族的长子，但是他父亲担心儿子的实验耗费巨大，便有意剥夺他的继承权。1783 年，父亲离世，一方面他获得

---

① 意为"火船"。——译者注
② 意为"脚蹼"。——译者注

了属于自己的遗产，另一方面也不会再有人阻挠他研发蒸汽船了。他依旧负责经营家族的磨坊，同时制造蒸汽船，为此他与其他股东于1781年共同创立了一家公司。

他把造船厂建在了里昂附近的维斯，由军事哨所保护，但也受到了船夫们及其行业协会的敌视，而后者在这座"三高卢之城"中已经盘踞了2000多年，势力稳固。

蒸汽船配备的蒸汽机（瓦特式蒸汽机）由让兄弟制造，他们是里昂的锅炉制造商。达邦将主动轴牵引的桨换成了两个直径达5米的桨轮，安置在船体两侧。这艘成型的蒸汽船，名为"派罗斯卡夫"号，木质，长45米，宽5米，净重13 000千克，荷载量可达134 000千克。1783年7月15日，大批民众聚集在索恩河两岸，围观这次下水试航。这次航行结果大获成功：在一刻钟的时间里，蒸汽船在河道内逆流而上，从总主教区一直航行到巴尔波岛。

发明者遭遇的失败

达邦的这次试航大获成功。他来到里昂的公证事务所，经巴罗公证员认证后，计划在里昂成立一家河运公司。他先是获得了股东们的支持，但是这些投资者出于谨慎，要求公司先获得河运的经营特许权。于是，达邦向财政部部长加隆递交了申请。在咨询过科学院的意见后，加隆叫停了15年经营特许权的发放，而是要求达邦先在塞纳河上进行一次新的试航。

这个不幸的发明者没能获得任何资金来建造第二艘船。他的兄弟霸占了家族的庄园，把他赶了出去。于是达邦只好回去经营他的磨坊并以此为生。大革命的突然爆发，深刻地改变了许多人的命运，达邦也不例外。1793年，达邦迁居国外，加入孔代的军队。1801年，他回到法国，有一个好消息等着他：父亲和兄弟都离世了，因此，他得以继承家族的庄园，并把妻子和3个儿子也安置了下来。很快，他在附近建立了一个车间和一家锻造厂。1803 年，富尔顿的蒸汽船在塞纳河中试航，加剧了竞争。不过达邦获得了一笔新的资助（来自朋友德·富勒奈），在儿子们的帮助下，他于1804 年建造了第二艘船只，并在杜河上完成了试航。

索恩河畔沙隆地区的船坞

达邦非常清楚，只有入驻巴黎才能展现其工程的价值。1806 年，他辗转来到位于巴黎的小贝西街区。但是他面临着巨大的困难，因为安德烈-帕乔尔公司与他是竞争关系，而后者有能力引入外国的蒸汽船，资助方还是银行家拉菲特。1816 年 3 月 29 日，安德烈-帕乔尔公司买进的英国船只"埃利斯"号成功航行，这便是沿着塞纳河逆流而上的第一艘蒸汽船。在巴黎盘下第一个造船厂后，达邦在沙隆地区又买下了第二个。筹得了充足的资金、获得了路易十八的认可和推崇后（成为圣路易骑士，并看到了他的专利注册），他才算是真正可以开始他的工业冒险了。不过，达邦并没有跟进尼普瑟兄弟俩（克洛德与尼塞福尔，照片的发明者）的发明，后者发明了以石松（蕨类孢子的提取物）粉末做燃料的内燃机。

1816 年起，沙隆造船厂开始大规模施工：同时建造的蒸汽船，数量不少于 4 艘，冷杉木材质，长度达 13 米，将来会组成一支真正的舰队。达邦想要撤掉桨轮，代之以水泵组成的内部机械系统，通过抽吸和排出水流产生动力来推动船只的前行。

1816 年 8 月 20 日的光荣试航

1816 年 8 月 16 日，"查理-菲利普"号（这一命名是为了向主持下水仪式的德·阿尔图瓦伯爵表示敬意，尽管年轻时达邦与之发生过争吵，但是很大程度上已经忘却了）驶出位于巴黎小贝西街区的船厂后，进入塞纳河。当时恰逢王位继承人贝里公爵的婚礼，船只行经卢浮宫与杜伊勒里宫前时，连续发射了专门配置的小炮弹，向王室和宫廷致敬。

在试航中，达邦始终保持警惕。驾驶员可能是被竞争对手收买，试图将船撞向新桥的桥墩。尽管已经年逾 65 岁，达邦行动快如闪电，一把将驾驶员推进河里，纠正好船舵。

最终，"查理 – 菲利普"号停靠在了港口的正确位置，从此开辟了一条巴黎与蒙特罗之间的常规河运线路。

目标——罗纳河

在沙隆的船厂完成 4 艘船的建造后，达邦怀揣着雄心壮志开始工作，他想要造出一艘独一无二的船，起名为"勤奋"号，船头为圆形，长度为 34 米，兼具载人与运货的功能。1817 年起，一艘名为"坚毅"号的蒸汽船在里昂与沙隆间往返，建立起一条常规性线路，船上甚至提供餐食。

铁路冲击之下的河运

1832 年，克洛德 – 弗朗索瓦·德·茹弗鲁瓦 – 达邦因感染霍乱，病逝于巴黎荣军院，享年 81 岁。他是内河蒸汽船航运的先驱。但是，这种运输方式存在着结构性缺陷：首先，燃料的装载便占据了极大的空间，因此船上留给待运货物的地方极为有限，河运的利润相应缩减；其次，与风帆相比，蒸汽并没有提升多少航行速度；最后，自从查理十世、路易 – 菲利普，尤其是拿破仑三世掌权后，铁路的发展带来激烈的竞争。此外，皇帝本人是蒸汽火车的推崇者，要想振兴河运，还需要他下令维护运河通道甚至拓宽河道，才能避免这种运输方式的没落。

蒙戈尔费埃兄弟与人类的首次飞行

蒙戈尔费埃兄弟俩（Frères Montgolfier），约瑟夫和艾蒂安（Joseph et Étienne）制作了不少热气球，飞行的场景也甚是壮观。1783 年 9 月 19

日，"雷韦隆"号热气球在 8 分钟的飞行时间里升至 500 米的高度。随后，在 11 月 21 日，热气球带着皮拉特·罗齐耶和德·阿尔兰侯爵进行了首次载人飞行。

约瑟夫和艾蒂安

在维达隆－勒斯－阿诺奈地区，有一户从事造纸业的人家。1740 年，长子约瑟夫出生，1745 年，次子艾蒂安出生。蒙戈尔费埃家的两兄弟后来都成为热气球的制造者。约瑟夫是一位科学爱好者，曾建立过一个化学实验室，后来分别在里沃地区和阿维尼翁地区开办了造纸厂。弟弟艾蒂安师从法国建筑名家苏夫洛，后来回到自家的造纸厂工作，之后由他制作了法国第一张牛皮纸。

氢气的发现改变了他们的命运

1766 年，英国人亨利·卡文迪什发现了氢气，这是一种比空气密度低，因而更轻盈的易燃气体。1782 年起，蒙戈尔费埃兄弟便产生了制造氢气、然后将其打入纸包中的想法，可惜未能成功。

之后，这兄弟俩的又一个传奇发现在当时就广为人知，但人们不知道的是，这一发现即将改变世界。其实最初是约瑟夫将一张纸丢入烟囱，发现它没有直接落下而是在空中翻飞，由此产生了最初的灵感。1782 年，他进行了一个试验，将热气打入塔夫绸质地的罩子内，吹起一个鼓鼓的立方体。随后这个气体包缓缓上升，一直飞到天花板上。

1782 年，兄弟俩携手合作，在露天的环境下放飞了一个热气包。一开始，他们以为向上飘浮的原因在于燃烧产生的烟，于是他们尝试着给罩子充入燃烧羊毛和湿秸秆时产生的浓烟。12 月 14 日，他们又进行了一次新的试验，结果大获成功，一个体积 3 立方米的热气包飞了起来。

真正的气球

于是，兄弟俩决定用棉布制造一个直径 12 米的真正意义上的气球。他们在布罩表面贴上了纸。这个气球总质量 225 千克，充入热气后的飞行高度达 400 米。

他们在维瓦赖地区进行了一次更为正式的展示。1793 年 6 月，在一群贵族的见证下，气球缓缓升空，抵达 1 000 米的高度，飞行了 2 千米远的路程。不久后，法国科学院收到一份详细的报告，报告中向王室申请实验津贴。蒙戈尔费埃兄弟很快收到了回复，他们的经费申请被予以批准，但是需要在巴黎进行一次热气球升空实验。

从巴黎到凡尔赛——成功一刻

这一次，兄弟俩决定不再使用在阿诺奈地区做实验时常用的那个热气球，而是另行准备一个新的。他们将气球的体积增加到 1 000 立方米，同时重量也增加了一倍。这次的气球主体材料依然是棉布，表面涂胶，贴上 24 片纺锤形的纸，使这样东西看起来形状狭长，近乎圆锥形，足有 24 米高。给予兄弟俩资金支持的，有巴泰勒米·福贾斯·德·圣丰（巴黎自然历史博物馆负责人，拉武尔特地区铁矿和韦莱大区舍纳瓦利地区火山灰矿的发掘者，身价不菲）和勒韦隆（巴黎知名画纸生产商，将自己的皇家工坊作为场地提供给艾蒂安组装气球）两位。艾蒂安有两个月的时间制作这个新气球。1783 年 9 月，第一次试飞在工厂内部的公园里进行；次日，学术委员会到场，见证第二次试飞。可惜当天却下起了大雨，热气球的表层撕裂了，好在学术委员会并没有就此得出任何武断的结论，而是安排了一次新的试飞：9 月 19 日，在凡尔赛宫，国王路易十六也亲临现场观看。

1783 年 9 月 19 日的展示

在这一天，展现在国王路易十六面前的是一个全新的气球，体积更为庞大，达到 1 400 立方米，形状也更接近圆形，质量为 400 千克。为了向数次热气球实验的资助者致敬，这个新气球便被命名为"勒韦隆"。9 月 18 日，它顺利通过了测试。

19 日，正式展示当天，一只鸭、一只羊、一只鸡被装进气球下方用绳索拴好的柳筐内。起飞并不容易，热气球表面甚至被拉扯出了一条裂痕。不过用绳索拴住的气球还是升到了 500 米的高空，并在 8 分钟时间内飞行了 3 500 米远的距离。气球着陆后，动物们仍然活着。依据王室的决定，升空的那只羊被送进了王室动物园里豢养起来。

即将进行热气球载人首飞

蒙戈尔费埃兄弟的探索进入到下一阶段：证明无窒息危险飞升到高空中是可能的，最重要的是要成功地将用来负重（载人）的极大的吊篮拉至高空。因此，需要制作一个新的气球，保证能够将装载着两个人的吊篮（对于人而言，其作用即一个圆形平台）拉起来。这样一个气球，容积为 2 200 立方米，重达半吨，直径为 13 米，高度为 21 米。其名字依旧是勒韦隆，气球主体颜色为皇家蓝，饰有百合花和十二星座的图案。10 月 12 日，气球在勒韦隆家中进行试飞，艾蒂安亲自登上吊篮充当乘客。

在此之后，10 月 15 日和 17 日相继进行的两次载人飞行，兄弟俩选择的乘客是探险爱好者皮拉特·德·罗齐耶。罗齐耶开始通过控制火力大小来更好地操纵气球。往炉膛中加入草秸秆，火力增强，气球上升，反之则下降。10 月 19 日，第一次正式载人飞行（气球被绳索系住）的起点是蒙特勒伊街的蒂顿豪府，也是勒韦隆工坊的所在地。站在吊篮中的分别是吉鲁·德·维莱特和皮拉特·德·罗齐耶，此次飞行与之前一样成功。

1783 年 11 月 21 日的著名飞行

1783 年 11 月 21 日，德·阿尔兰侯爵与皮拉特·德·罗齐耶共同登上热气球。国王终于被感动，他以为这种冒险活动，找两个死刑犯来实验就够了。气球重达 850 千克（乘客包括在内），由布洛涅森林附近的米埃特城堡处升空，抵达 1 000 米高空，在 25 分钟内飞行了近 9 000 米后，最终在鹌鹑之丘区着陆。

12 月 10 日，蒙戈尔费埃兄弟俩被任命为法国科学院的通信会员。次年，他们经营的造纸厂晋升为御用制造工坊。

在里昂的尝试

里昂地区的总督雅克·德·弗莱塞勒对这项探险活动很感兴趣，意图超越巴黎。约瑟夫用一个尺寸相对较小的热气球进行了两次试验，采用火炉或燃烧器作为火力引擎装置。事后，他灵机一动，想要乘坐热气球从里昂前往巴黎，随即开始制作一个体积达 23 000 立方米的大型气球。皮埃尔·德·罗齐耶打算亲自登上这个热气球的吊篮进行试飞。然而，当时正值寒冬腊月，恶劣的天气会损坏气球，将一个如此庞大的气球充满气也是一件棘手的事情。到了 1784 年 1 月 19 日中午 12 点 48 分，"弗莱塞勒"号热气球载着皮拉特·德·罗齐耶、约瑟夫·蒙戈尔费埃、洛朗森伯爵、李涅王子、拉波特·德·昂热勒福尔、小方丹、当皮埃尔伯爵一行共计 7 人从布罗托地区出发，在 10 万里昂市民的注目下，飞上了高空。起初一切顺利，风将热气球吹向罗讷河。12 分钟后，热气球突然裂开一道口子并急速下降，猛然坠落在现如今金头公园附近，好在乘客们除了跌伤和磕掉牙以外别无大碍，其中伤势最重的是约瑟夫·蒙戈尔费埃（这是他的第一次也是唯一一次飞行）。尽管出现了意外，当晚阿伦贝格王子还是举办了一场盛大的晚宴来庆祝这次飞行。主持放飞仪式的弗莱塞勒夫人邀请他们在晚宴后欣赏格鲁克的歌剧《伊菲姬尼在陶里德》，并予以褒奖。

梦幻结局

最终，国王路易十六授予了蒙戈尔费埃兄弟爵位。尽管如此，兄弟俩在回到造纸厂后还是得全身心工作，以避免企业倒闭。他们与热气球越走越远。艾蒂安被任命为法国科学院的准院士，而约瑟夫被拿破仑授予荣誉军团勋章，后进入国立工艺美术学院理事会。

克洛德·沙普与空中远程通信

法国大革命期间，克洛德·沙普（Claude Chappe）发明了远程视觉通信装置，其构造如下：信号塔上架着一根横梁，横梁两端各自连接着悬臂。横梁与悬臂采取不同角度可以组成 196 个模式，每个模式代表经过编码处理的信息，如此便能够如信号台那般传播视觉信息了。1794 年，相隔 240千米的巴黎与里尔两地间正是依靠这种通信装置得以通信。

孩童游戏

克洛德·沙普，1764 年出生。他进入位于拉弗莱什的皇家学院读书，原本打算将来从事神职工作。他的兄长和弟弟进入的则是附近的寄宿制学校。他们三人之间想要互相交换信号，于是克洛德便用 3 条木尺组成一个设备，用此和他们交流。

沙普如愿以偿，成了神父。大革命期间，他不得不放弃原本清闲的差事。于是，他决定和其他兄弟一起，开发一个真正的通信系统。这一通信系统的命名还是沙普的手笔，来源于希腊语单词，意思是"远程书写"。1790 年，沙普进行首轮实验时便遇到了困难，因为信号塔遭到了陌生人的破坏。多亏了他在立法委员会工作的哥哥伊尼亚斯，他得以向议员们展示这一发明。国民公会的议员估算了这套通信装置的价值，拨给沙普6 000里弗尔的贷款。

沙普式远程视觉通信系统

在沙普的通信系统中，一座信号塔上架着两端各自连有一节悬臂的横梁。每只悬臂能够定在7个不同的位置，横梁则是4个位置，能够形成的动作总计196个。悬臂非常大，长度1米到4米不等，从很远的地方就能看到。因此，这是一套靠信号杆撑起的真正的信息传输系统。横梁与悬臂都涂成了黑色，并通过曲柄的操纵来形成一个平衡体。为了适应夜间能见度较低的情况，该装置还配备了灯，但是依旧没能正确传递出信息。每一座信号塔的观测台上也架着一台望远镜，方便观察员破译最近的两座信号塔传来的信号。

1793年修建的巴黎－里尔通信线

国民公会指派拉卡纳尔和多努前去跟进沙普的第一轮实验，结果大获成功。1793年7月26日，国民公会颁布法令，任命沙普为远程通信工程师。很快，沙普应要求修建一条连接巴黎和里尔的通信线，总长达240千米，1794年8月完工。

同年8月15日，共和党部队收复勒莱努瓦的消息在当天便传到了巴黎。同年的9月1日，埃斯科河畔孔代地区的战役刚刚结束了1小时，卡诺便在国民公会上宣布了法国战胜奥地利的消息。国民公会随即将孔代地区更名为北部自由区。远程通信系统在当天下午就将胜利的消息传遍全军。

拿破仑推广这套通信系统

法国大革命的"恐怖时期"及督政府阶段，社会动荡不安，相应地阻碍了这项新发明的推广。可怜的沙普无法见证远程视觉通信网络在法国的发展，此外，竞争对手对其所谓剽窃的指责，使得沙普患上抑郁症并且因此疾病缠身，最终于 1805 年跳井自杀。

1846 年，在电报网络建成之前，法国境内共计有 500 座信号塔，覆盖长度达 5 000 千米。这些远程通信线路从巴黎出发，主要用于军事甚至是政治领域。实际上，沙普的哥哥伊尼亚斯曾尝试开辟商用，但是最终失败了。

尽管远程视觉通信系统的使用期不过半个世纪，信号塔却仍然为航海活动提供服务。尤其是在铁路领域，直到通电的多色信号灯发明之前，火车头机师都一直在用信号塔传递信息。

拉瓦锡与现代化学的诞生

安托万·洛朗·德·拉瓦锡（Antoine Laurent de Lavoisier）不仅是富翁、包税人，同时还是具有崇高地位的科学家。他测定了空气和水的组成成分，为化学物质建立了通用的现代命名法，还制定了新的度量衡体系，最终却被送上断头台。

包税人

拉瓦锡，1743 年出生，是包税人的儿子。他学习的是法律专业，毕业后成为律师，随后进入庄园工作。1768 年，他迎娶了一位富裕的继承人——法国印度公司领导的女儿波尔兹。这位活泼又富有智慧的女性和丈夫一样热爱科学，并为这名伙伴绘制了不少优秀的实验插图。而拉瓦锡，先是为包税人鲍登充当助手，随后于 1779 年，自己正式升任农场主。1775 年起，图尔戈将他提携到火药与硝石税务局局长的位置。拉瓦锡就职期间表现很好，改进了火药的质量，并继续研发人工硝酸盐。

尽管行政与税收方面的工作非常繁重，拉瓦锡的科学生涯却同样杰出。

科学家

拉瓦锡 23 岁时发表了一篇关于巴黎最佳照明系统的论文，由此获得了科学院奖。

乔治·施塔尔于 1723 年提出燃素理论，认为燃烧是由燃素这种物质引发的，而杰出的英国化学家普利斯特列（号称"英国的巴斯德"）则不同意这种解释，并于 1774 年发现了氧气。为了挑战施塔尔，普利斯特列将氧气命名为脱燃素气体。他还将自己的实验观察结果与拉瓦锡做交流。后者通过发现空气与水的组成成分——这一发现是化学这门学科的基石——从此在化学界掀起一场革命。

经过严格的称重及多次实验，拉瓦锡证明了空气是由氮和氧组成，而水是由氧和氢组成。

他还出版了《化学基础论》一书，在书中对于化学物质采用了更为现代的命名法，即在名称中描述其组成成分。如此一来，绿矾油改名为硫酸，维纳斯的神魂改名为醋酸，月亮晶体改名为硝酸银，等等。这种命名法基于单体与化合物间基本的差异，并引入了盐类的名称，如硼酸盐、硫酸盐、醋酸盐等。

标志性的拉瓦锡空气实验

拉瓦锡用蒸馏器对水银进行加热，蒸馏器通过细管与一个钟形罩相连，罩内分离出水层与气层。12 天后水银被氧化，蒸馏器内空气的体积缩小，且蜡烛的火苗熄灭，证明有氮气产生。拉瓦锡随后从蒸馏器中收集红色氧化汞产物并进行加热。氧化汞消失，空气的体积恢复原状。而在装有气体的钟形罩下方，火苗燃烧得更旺，因为氧气再次产生。

他死于砍头

1789 年，拉瓦锡成为三级会议的候补议员。1790 年，他加入了一个委员会，与会员共同建立了新的度量衡系统。被任命为财政部秘书后，他制定了一套税收改革方案，具体内容呈现在《法兰西王国的土地财富》这本专著中。

1793 年 11 月，制宪议会下令逮捕所有旧式庄园主，拉瓦锡沦为阶下囚。1794 年 5 月 8 日，他和其他留在法国的庄园主一样，在法国大革命的"恐怖时期"被判处死刑。"共和国确认了一位监斩官员（由当时的革命法庭主席让 - 巴蒂斯特·柯菲纳担任），拉瓦锡向他提出暂缓死刑，因为他还想完成一个实验，不需要任何学者或者化学家来帮忙，然而司法进程是不能中断的。"为此，数学家拉格朗日（出生于图灵，因此被制宪议会驱逐出法国，最终因其特别的知识才能而被扣押在境内供征用）在次日鼓起勇气回应道："他们顷刻间就能砍下他的脑袋，但是百年内都不会再有一颗能够与之相媲美的头颅。"拉格朗日救下了自己，先是成为参议员，后被拿破仑封为伯爵，接着进入巴黎高等师范学院和巴黎综合工科学校任教。

菲利普·勒庞——照明气体和第一台内燃机的发明者

伟大的工程师

菲利普·勒庞（Philippe Lebon），1767 年出生于上马恩省，父亲是路易十五的侍卫官。凭借聪慧的头脑，勒庞以第一名的成绩从法国国立路桥学校毕业，并留校担任力学教授。他很早便开始展开研究，揭示了由木头蒸馏所得到的气体的特性。他为这种气体取名为氢气，并努力将其用于加热与照明。1789 年，他撰写了一篇论文，描述了一种具有照明与加热双重功能的热能灯的运作原理。

塞格莱酒店的燃气系统

1796 年，勒庞将他的实验结果上交法国科学院。1799 年，他的成果获得专利。1800 年，他撰写了第二篇关于热能灯的论文，其中罗列了这项研究在未来所有可能的应用：加热、照明乃至食物的烹煮。他明确指出，氢气可以作为一种发动机燃料。

勒庞尝试让皇帝对他的这套装置产生兴趣，但是没能如愿。于是，他打算在巴黎的塞格莱酒店进行一次真正的公开演示。

这套装置是一个性能强大的燃木烤炉，大火蒸馏出气体，经管道循环到酒店的各个房间，实现照明功能。另外，火炉燃烧木材时产生的热量还能为酒店供暖。

这次试验大获成功。勒庞也由此获得了开采森林的特许权，以便生产供应灯具照明的气体。虽然这位工程师还面临着诸多困难，但是他都努力逐一解决了。

受勒庞启发的威廉·默多克

詹姆斯·瓦特的学生威廉·默多克，于 1792 年设计了一款煤气发生器，可以将煤气转化为液化气，并成功照亮了他位于雷德鲁斯的家中的房间。他对气体进行了提纯，从而提高了它的照明功能。默多克在勒庞的成果基础上，于 1807 年在街道上安装了煤气灯，这是伦敦的第一套公共照明系统。1816 年，由德国人创立的温莎公司采用了默多克的设计，在巴黎安装了第一批煤气灯。然而，在勒庞这边，厄运悄然降临。

勒庞遭遇谋杀

勒庞在继续研究照明气体的同时，还尝试提高蒸汽机的效率。1801 年，他为自己设计的内燃机申请了专利。然而由于死神的突然到来，他的发明之路戛然而止。

有传闻称勒庞受邀出席拿破仑一世的加冕仪式之后遇害，这与事实不符。圣萨克蒙教堂和第八区出示的死亡证明都表明：勒庞卒于 1804 年 12 月 1 日。因此，他应该是在加冕仪式前晚死于家中，且有可能是意外导致的猝死。勒庞家中的女佣上呈给治安法官的证词中也丝毫没有出现类似谋杀的言辞。

安德烈－雅克·加纳兰——首个降落伞的制造者

安德烈－雅克·加纳兰（André-Jacque Garnerin）构思第一个降落伞时，正身处奥地利的牢狱之中。1797 年，他进行首次试验时便获得了成功。他发现在降落伞中部的帆布上扎一个洞，下降时可以获得更好的稳定性。

奥地利人的囚犯

1769 年，加纳兰出生于巴黎，拜在著名物理学家、氢气球之父雅克·查理的门下。使他出名的是他提出的一个著名定律，即等体积的纯净气体，其温度和压力之间关系恒定。1783 年 12 月，他的老师查理登上热气球，随之上升到 3 000 米的高空。

1794 年，加纳兰被奥地利人俘获，关押在布达堡垒中，直到 1796 年才获得释放。被关在匈牙利监狱期间，他试图找到一种越狱的方式。他认为可以"突袭哨兵，打破铁门，穿透约 3 米厚的狱墙……毫发无伤地从城墙高处跳到底部"。而这一切都可以借助降落伞完成。

在大革命时期，直到 1804 年，加纳兰一直在公共节日中担任浮空飞行员，负责组织热气球的升空活动。这便为他实现当初在布达的梦想留足了时间。

加纳兰——跳伞先驱

从 1784 年起，布兰查德和雷诺曼等知名物理学家开始研究由小动物参与的跳伞实验。但主要问题还是浮空飞行员的安全问题。在弗勒吕斯地区的战役中，首次使用了军事观察气球，因此为飞行员开发安全装备是极有必要的。加纳兰自打出狱，就致力于研制降落伞。1796 年年底，他让一只狗从气球上成功跳伞。接着他便打算亲自尝试。1797 年 8 月 20 日和 10 月 9 日，他经历了 2 次失败之后，终于在 10 月 22 日实现了近乎完美的一跳。

"这个实验中，"他解释道，"我被带到大气层 350~400 图瓦日 ①（700~800 米）的高度，然后自由落体，将一切交给降落伞。伞中包围着一个高度为 23 图瓦日（近 7 米）的圆形气柱。我采用的料子是非常轻的帆布，两面都用纸覆盖好。这个降落伞及所有装置的重量为 34 磅（16.6 千克），吊舱的重量为 19 磅（9 千克多），我的体重为 113 磅（57 千克），总共 166 磅"。

1797 年 10 月 22 日，加纳兰先在蒙梭公园登上氢气球，升至 915 米的高空。然后，他切断了吊舱连在气球上的绳索，丝绸制成的降落伞在他上方展开。

报刊《法律之友》对于这次实验做过如下报道：降落伞在空中晃动得很厉害，所以落地时受到了很大冲击。加纳兰的反应相当敏捷，在吊舱落地前就跳了出来。他的左腿膝盖有轻微擦伤，但是并不妨碍他爬上马背，骑马回到了蒙梭花园。

改进

天文学家杰罗姆·德·拉朗德，即著名的《法国天体史》（该书确定了5 万颗星星的位置）的作者，给出了他宝贵的建议：为了避免下降过程中的紊流，进而导致颠簸，只需在伞衣的正中心开一个口即可。

1799 年 10 月 12 日，加纳兰的学生让娜·热纳维耶夫·拉布罗斯成为

---

① 法国历史上一种长度单位，每图瓦日相当于 1.949 米。

首位完成跳伞的女性，她的降落伞中心开口，实现了气流的稳定流动。后来这位勇敢的女性成了加纳兰的妻子。

1802 年 10 月 11 日，拉布罗斯以她丈夫的名义为这个名为"降落伞"的设备申请了 195 号专利。这一装置的设计初衷是在热气球爆炸后，减缓吊舱的下落速度。它的基本构成是一块布罩吊着吊舱，位于降落伞下方及外侧有一圈木环，让降落伞在飞升的过程中能够撑开得更大。伞面必须在与热气球分开的瞬间完全打开，在其中保持一个空气柱。

后期成就

1803 年 10 月 3 日和 4 日，加纳兰乘坐他的热空气气球进行了一段长途旅程：从俄罗斯莫斯科到波洛瓦，全程约 300 千米。

随后，1807 年 11 月 22 日和 23 日，他又实现了一次新的空中旅程，从巴黎抵达德国的克劳森，天空 7 小时都是狂风暴雨的状态。

1823 年，加纳兰在准备新气球时遭遇了一场施工事故：一根梁落下，当场将他砸死，年仅 54 岁。

从库仑到伏打——电的发明家

即便德国人莱布尼茨第一个发现了电火花，英国人霍克斯比发现了电可以产生光亮的现象，但是电的发现史在很大程度上是属于法国的一段奇幻故事。1733 年，查尔斯·杜菲提出两种电的存在。库仑则是提出了电荷之间或相互吸引或相互排斥的基本定律。而伏打，虽然是意大利人，却得到拿破仑的尊崇，并在法国进行了电堆实验。他是制造出直流电的首创者。一种新的能源就这样诞生了，将来还会进入千家万户。

库仑测量了电荷的数量并以自己的名字命名发现的电荷规律

查尔斯·奥古斯丁·德·库仑（Charles Augustin de Coulomb）1736年出生于昂古莱姆，经过刻苦的学习，终于以中尉的身份从梅齐埃尔工程学院毕业。之后，他投入马提尼克岛防御工事的重建工作中，这段经历使他开始研究阻力和摩擦力的问题。库仑凭借发表过一篇论文《论最大及最小规则在与建筑有关的一些静力学问题上的应用》，得以于1773年进入法国科学院。1777年，由于撰写了论文《论制造磁针的最佳方法》，他获得科学院一等奖。在罗什福尔兵工厂，他进行了多次有关摩擦力的实验，并因此于1881年获得科学院二等奖。1784年，他发表了关于扭力研究的结论。他发明了扭秤，可以测量电荷、磁力或是重力所施加的力的强度。

1785年至1791年间，库仑发表了7篇系列论文，证明了两电荷间的相互作用力与两个电荷量的乘积成正比，而与彼此之间的距离的平方成反比。这便是库仑定律，电荷间相互吸引力和排斥力的单位也冠上了库仑的名字。

在磁学领域，这位意志坚定的工程师解答了指南针的运作原理（基于磁铁与地球磁场间的联系）。他受到帝国的嘉奖，还被委以公共教育总长这一要职。1806年，库仑逝世。

意大利人伏打发明了电堆

伏打的确生于意大利，然而1801年11月在巴黎，伏打在法兰西学会面前展示了自己的直流电产生堆，并阐述了电压的定律。拿破仑出席了这次具有纪念意义的会议，给他颁发了金牌，划拨了津贴，并授予伯爵头衔（1810年）和伦巴第地区参议院议员的资格。1881年，电压的测量单位定为伏特，向伏打致敬。

第四章

19 世纪：知识新大门的开启

　　19 世纪，伴随着法国大革命到来的除了政治体制的改变、拿破仑神话，还有雨果、巴尔扎克、司汤达。而对于一个国家的强大而言，最根本的仍然是科学技术，仍然是发明创造领域内的推陈出新。这个时期有丝织机、亚麻织机的出现，使得法国的纺织业走在世界前列。而缝纫机的出现和人造纤维的发明，更是纺织业界的标志性事件。此外，与如今我们的生活密切相关的发明如食物保存法、摄影术、听诊器、黄磷火柴、钢筋混凝土、内燃机、干电池、火药、米其林轮胎、火箭、潜艇……这些无不证明，19 世纪法国知识的新大门打开了。

约瑟夫 - 玛利·雅卡尔与丝织机的现代化

经过艰难的起步，约瑟夫 - 玛利·雅卡尔（Joseph Marie Jacquard）制造出一种织机，这将彻底改变里昂的丝绸业。而他所做的只不过是把法尔康的穿孔卡改成沃康松的穿孔筒。然而，由于里昂的工人们害怕因此失去工作，便对织机的推广不断阻挠，所以，织机生产的盛况迟迟未能到来。不过，最终里昂人民还是向雅卡尔表达了敬意，将他的雕像矗立在红十字街，即从前的丝绸工人居住区。

艰难起步

1752 年，雅卡尔出生，父亲是一名丝绸厂工人。起初，他在姐夫的工厂做装订工，随后，到一家印刷厂工作。父亲去世后，他靠着一小笔财富，当起了批发商。克劳迪娜·布瓦琼与他成婚时，没有带过来任何嫁妆，打了一场诉讼官司也没有用。家庭的财务状况糟糕起来。克劳迪娜甚至不得不制作草帽来补贴家用。1793 年，雅卡尔参加城市防卫战，对抗国民公会的军队。战败后，他躲了起来，又加入了莱茵河军队，并目睹了自己唯一的儿子去世。

坚定的信念

雅卡尔当时产生了一个坚定的信念：制造一台新的织机，以取代在挖花织物和定型织物的生产中号称"牵线工[①]"的工人。他的改造取得了绝对的成功，自 1801 年起，仅里昂一市就有了近 4 000 台织机。同年，雅卡尔的织机在国家工业产品展览会上摘得铜牌，随后便获得了专利。

---

① 在雅卡尔织机之前，老式的织机由于技术原因，经常需要个子矮小的人（经常是童工）钻到织机下面去牵线，因而纺织工人有了"牵线工"的外号。——译者注

从那时起，雅卡尔便成为当地的荣耀。他在里昂的圣皮埃尔宫得到了一套公务房。作为回报，他必须培训年轻的织工。于是他就有时间继续从事研究工作。

革命性织机

1802年，雅卡尔借着帝国时期里昂豪华丝织业的发展，开发了一种用于制造渔网的机器。1803年，他被召唤到了巴黎，见到了夏普塔尔[①]，甚至见到了卡诺[②]。然而，他并没有情绪激动，因为他对第二个人充满恨意——正是他1793年时，下令摧毁了里昂。1806年，雅卡尔开发了一种更方便投入使用的织机，此举彻底改变了里昂的丝织业。其实，他从3位法国发明者的成果中得到了启发：布琼是穿孔卡的创造者；法尔康则是用细绳将这些穿孔卡串起来，从而展现连贯的图案；沃康松发明了用于制作针织物的滚筒。他的自动织机只是将法尔康的穿孔卡与沃康松的滚筒结合起来，由穿孔卡来控制经线上的钩子。

由于有拿破仑一世的支持，还有从1806年起里昂市议会每年颁发的津贴，雅卡尔得以交付了40台新织机。不过，从此雅卡尔不得不把所有精力都投入织机生产中——未经允许，他甚至都不能离开里昂！

矛盾时期

尽管如此，雅卡尔自己的生活却很艰难——由于担心机器会取代人工，工人们曾经前来威胁他。雅卡尔甚至差点因此而丧命。拉马丁[③]回忆道："他被人用言语羞辱，打翻在地，一路在泥浆里被拽行到河边。"在执法人员的干预下，他才免遭于难。据称，他的几台织机被工人，其中甚至包括

---

① 当时的法国政治家、名人。——译者注
② 当时的数学家兼军事家。——译者注
③ 法国大诗人、政治家，曾任法国外交部部长。——译者注

几个车间主任砸烂了。此外，1811年，他的织机数量也不过从40台增加到60台，涨幅极缓。一方面机器发出的噪声太大，对于附近的居民来说无法忍受；另一方面机器本身也很脆弱，需要经常修理。

从1810年起，雅卡尔在城市和乡野——里昂的艾奈区和奥林斯镇之间交替生活，显得相当闲适。1819年，路易十八授予他荣誉军团骑士的十字勋章，查理十世执政时，也指定让他来担任奥林斯镇的议员。1834年，雅卡尔去世。

弗朗索瓦·阿拉戈——天文学家兼物理学家

智力超群的弗朗索瓦·阿拉戈（François Arago）是位坚定的共和党人，对政治活动无比热衷。但是他的知名度，主要还是归功于他在天文方面的才华（对光进行分析），以及对于科学领域无尽的好奇心与探索。

巴黎综合工科学校学生，1803级

弗朗索瓦·阿拉戈，佩皮尼昂地区铸币厂厂长的儿子，1803年年仅17岁时，便以极其优异的成绩被巴黎综合工科学校录取（他的纪录120年后才被贝当元帅的部长让·比谢隆纳以19.75分/20[①]的分数超越）。他很快便引起了蒙日[②]和拉普拉斯[③]的注意，继而被任命为巴黎天文台的秘书兼图书馆管理员。随后，他被派往西班牙，完成巴黎子午线的测量工作。参与西班牙战事时，他被叛乱分子抓获，但是1809年时成功逃脱，并以英雄的身份回到巴黎。拿破仑一心支持他参与法国科学院院士的竞选。很快阿拉

---

① 法国考试的总分为20分。——译者注

② 蒙日（1746—1818），法国著名学者、数学家，巴黎综合工科学校的创建者之一。——译者注

③ 拉普拉斯（1749—1827），法国著名数学家、天文学家和物理学家。——译者注

戈便当选法国科学院院士，而当时他才不过 23 岁！

蒙日要求他接替自己成为巴黎综合工科学校分析几何学教授。此后一直到 1830 年，他始终在这所大学担任教授。所授内容的范围从几何扩展到了概率、数学经济学，甚至是人口学。1830 年，他被任命为科学院的常任秘书。他以出版《法国科学院报告》的方式，向外界展现出科学院的真实面貌，这一方式至今仍在流通。

后来，阿拉戈又回到巴黎天文台（当时隶属于经度局），负责从前的工作。1822 年，他晋升为助理、研究员。1834 年，他被任命为巴黎天文台观测主任，1843 年则接任台长一职。

政治生涯

1829 年，阿拉戈在妻子去世后，开始投入公共事务领域。1830 年的"光荣三日"期间，他担任国民警卫队上校；七月王朝时期，他是著名的共和派人物；1848 年革命后又被提拔到国家最高层。从第二共和国临时政府的战争部长、海军部长和殖民地部长开始，1848 年 5 月 9 日至 6 月 28 日，他接替雅克查尔斯·杜邦·德·勒尔，成为执行委员会主席——这实际上已经是国家元首了。他也是法国殖民地废除奴隶制提案的起草者。

路易·拿破仑成为共和国的新任总统后，阿拉戈宁愿辞去职务也不想宣誓效忠于他。但是辞职申请被这位新总统拒绝，他只好继续留在经度局工作。1852 年，政变爆发，帝制回归，阿拉戈这次坚决选择离职。那时他已患上糖尿病，第二年不幸离开人世。

科学发现

阿拉戈的研究从光学开始。1810 年，他进行了一项历史性的实验，测量星光的速度。实验虽然未能成功，却为相对论的提出开辟了道路……和菲涅耳①一样，阿拉戈也被光的波动理论说服了。而且他还能够非常精确地测量出光的速度。

虽然内心深处是不折不扣的天文学家，但是阿拉戈对磁性和光的偏振也有兴趣。他设法用干涉现象解释了恒星的闪烁，还可以计算出行星的直径。

他总是醉心于向大众普及天文知识，这也许偏离了一个政治家的道路。但是为此他还开设了大众天文学课程，授课内容都被编入了他死后出版的《大众天文学》一书中。

阿拉戈也接触过其他科学领域，如测量声速、挖掘第一口自流井、研究压力变化下的水位情况。在达盖尔的摄影学院，他还为其提供了持久资助。

尼古拉·阿佩尔与食物保存法

尼古拉·阿佩尔（Nicolas Appert），父母从事旅馆业，本人也是以精明、灵巧而知名的糖果商。制作糖果却最终让他找到了保存食物的方法（这一对陆军和海军皆至关重要的事情）。通过加热食物，他比巴斯德更早发现了所谓的"巴斯德消毒法"。由于这位慷慨的发明者选择将他的方法公之于众，"阿佩尔灭菌法"很快便风靡全世界。

上马恩沙隆地区白马旅店店主的儿子

尼古拉·阿佩尔的父母在上马恩沙隆地区开了一家旅馆，他是家里的第九个儿子，一开始还在旅店里工作，后来做过厨师、卖过糖果。在德国双桥公爵的领地上生活了十几年后，1784 年，他来到巴黎，在隆巴尔街开了一家糖果店，取名为"好名声"。后来生意做大了，他当起了批发商，与

---

① 菲涅耳（1788—1827），法国著名物理学家。——译者注

鲁昂和马赛两地都有了贸易往来。1789 年，阿佩尔投身法国大革命，成为巴黎某片区（正在店铺所处的那条街道上）的主席。但是，由于他揭露大革命的"恐怖"，以致 1794 年被关押入狱。

对食物保存产生兴趣

阿佩尔注意到：那时采用的盐渍、烟熏、干燥、抹油、糖渍或者醋泡等办法，食物依旧无法有效保存。更不用说口感变差，品质下降。于是，他想到一种方法——对密封在器皿内的食物，持续进行 100℃高温的加热。就这样，阿佩尔灭菌法先于巴斯德灭菌法，横空出世了！

他当时是将食物放入厚实的香槟酒瓶，用软木塞封口，再进行蒸汽加热。微生物经高温已经被消灭，瓶中又是半真空的环境，食物由此得以保存其新鲜度、口感和香味。

1795 年，阿佩尔在塞纳河畔的伊夫里地区建了一家小工厂，意图将他的食物保存法进行商业化推广。最终，他接到了来自法国海军的第一单生意（那时候并不知道，对食物进行密封加热可以保住其中的维生素 C，从而避免患上坏血病）。1802 年，他在马西地区建立了一座真正意义上的罐头食物生产厂，聘用的工人马上就增加到 50 人。

《肉类与蔬菜多年期储存方法》公之于世

1810 年，应拿破仑一世的要求，阿佩尔同意减少经济上的收入，将他的食物保存法出版成册，介绍给普罗大众。这件事情最关键之处在于：保证了拿破仑大军的营养。因此，他收到了 12 000 法郎的报酬。

另外，在加热灭菌法的一次次尝试，尤其是对沙丁鱼进行试验后，他也为皮埃尔－约瑟夫·科林创建第一家工业罐头厂提供了最初灵感。最后，他还发明了块状的浓缩汤汁（当时也有板条状的）和灭菌牛奶。

濒临破产

将加热灭菌法慷慨捐赠的阿佩尔并没有因为自己的慷慨态度而得到对应的补偿。实际上，英国的工业家很快将密封器皿的材质由玻璃换成马口铁，其冲击承受力得以无限提高，但是同时也变得更难以开启。面对竞争，雪上加霜的是：在阿布基尔和特拉法尔加被摧毁的法军也不再需要那么多罐头食物，阿佩尔接到的订单变少，生意萧条了下来。1841 年，阿佩尔逝世了。他已经破产，甚至无力支付一次葬礼的费用。尽管被巴斯德称赞为大善人，他最终却被草草丢弃在了公共墓穴里。

菲利普·德·吉拉尔与亚麻织机

菲利普·德·吉拉尔（Philippe de Girard）发明了亚麻织机，而亚麻是当时唯一一种徘徊在机械化生产范围外的纤维。可惜，他运气不好。拿破仑一世倒台，他的发明也随之被埋没。为了让自己的发明得以应用，吉拉尔甚至不得不离开法国，先后为奥地利和俄罗斯提供服务！还好，路易－菲利普后来为他主持了公道。

化学家兼物理学家

1775 年，菲利普·德·吉拉尔出生于卢尔马林，自小便是个天资聪颖的学生。他的父母在法国大革命中匆忙逃离，失去了所有财产，这个年轻人不得不担负起这个逃亡家庭的生计问题。

吉拉尔最终成为一位优秀的机械师、物理学家和化学家。在参加 1806 年的工业展览会时，他展示了恒定水位静压灯和能够大大改善公共照明系统亮度的磨砂玻璃球。他还拿出了单缸膨胀蒸汽机，因此赢得了一枚金牌。这种蒸汽机后来引来英国人争相效仿。

亚麻织布机

1810 年，拿破仑一世在博伊勒杜克颁布法令，悬赏 100 万法郎，鼓励发明亚麻纺织机。吉拉尔成功制造出一台机器，并于 1812 年申请了专利，然后在巴黎梅斯莱街创办了一家机械亚麻纺纱厂。他请求领取皇帝设下的大奖。1814 年，拿破仑皇帝也在夏普塔尔[①]的陪同下参观了纺纱厂，并给予充分肯定，还下令组建评委会……

吉拉尔的机器完全适用于最常见的纱线，然而，滑铁卢战役后重新聚到一块儿的竞赛评委们却对纱线的细度提出了不可能达到的要求。吉拉尔就这样，被坚决不肯履行拿破仑诺言的复辟王朝剥夺了获奖资格！

当时，亚麻布的主要市场在里尔，这是唯一一种不能进行机械化生产的纱线，它广泛应用于床单和服装的制作工艺中。菲利普·德·吉拉尔发现了热水纺纱的原理，运用该原理便可以分离基本纤维并制成极细的纱线。

但是破产之后，吉拉尔只得将自己的工厂卖掉。奥地利皇帝弗朗茨·约瑟夫召他过去，让他在维也纳附近的希尔滕贝格地区建立一个亚麻纺纱厂。

泛游欧洲

接着，沙皇亚历山大一世又请求吉拉尔来到了华沙：他发明的亚麻纺纱技术由于意义重大，后续发展又如火如荼，以至于能够形成一个以此为业的小镇。这个小镇冠上了建造者的名字，即"吉拉尔多夫"（Girardof），直到今天几乎未变，称为 Zyrardow。吉拉尔在当地居住了 20 年，为俄罗斯提供了许多发明，如适用于大型瀑布的液压轮，一次可制造 8 个步枪木托的机器。1844 年，他终于回到了自己的祖国。

---

① 夏普塔尔（1756—1832），法国著名化学家、政治家。——译者注

去世后的回报

1842 年，巴黎鼓励协会宣布：吉拉尔对于亚麻纺纱机拥有发明权。1845 年，吉拉尔去世时，路易－菲利普的政府决定兑现拿破仑一世的承诺。这次政府没有食言，以国家奖酬的名义向其继承人支付了奖金。

从尼塞福尔·涅普斯到雅克·达盖尔——摄影术的伟大传奇

尼塞福尔·涅普斯（Nicéphore Niepce）和雅克·达盖尔（Iacques Daguerre）是发明摄影术的两位法国人。从亚里士多德和其暗箱理论中汲取灵感，涅普斯设法将图像固定在覆有银的铜板上，借助碘蒸气，将负片（日光成像）转换成了正像。随后，他又设计应用了一种化学药剂来获得同样的效果。路易·达盖尔则是优化改进了这一装置，并减短了曝光所需时间。

大发明家

1765 年，尼塞福尔·涅普斯出生于索恩河畔的沙隆地区，是一位天才发明家。介绍茹弗鲁瓦·达邦的那篇文章中提到过这个名字，因为他也是内燃机的设计者。此处我们所感兴趣的，则是他在摄影领域的创造。

1816 年的 5 月，涅普斯尝试保留住在暗室里显现的影像（亚里士多德曾发现：当光线穿透墙壁的小孔，会在暗室里投射出一个颠倒的图像）。他在一张纸上涂了层氯化银。众所周知，氯化银在光线照射下会变暗。纸上呈现出一个颠倒的、轻微着了色的窗户的图像。这便是历史上第一张照相底片。但是，这个影像没能实现定形，在光线的照射下渐渐从纸上消失了。

因此，找到一种感光度高且能够实现影像定形的材质成为必要。

摄影制版术的发明

经过多年的研究，1822 年，涅普斯终于找到合适的材质，即矿洞中自然状态的朱迪亚沥青或者说是柏油。他将这种沥青掺进薰衣草精油，将其捣碎，等待其溶解，随后先是给铜板抹上一层含银液体，接着再抹一层沥青混合液。接下来，他选定一个风景并让暗室接受连续 4 日或 5 日的阳光照射，即曝光。然后，取出铜板可以看到什么吗？什么都没有！不过，当把铜板浸在水槽内已稀释的薰衣草精华液中时，没有晒到阳光的地方被溶解了。底片就此呈现，这便是最初的日光摄影制版法。只需将铜板再置于碘蒸气中，在酒精的作用下，正片也就会显现出来。

影像逆转的奇思妙想

1828 年，大家已经知道，涅普斯正在尝试用化学的方法将底片转变成正片。想法其实很简单：只需要让亮的部分变暗，而让暗的部分的覆盖物脱落。具体怎么操作呢？用化学药剂。在亮的部分抹上一层碘化银，光照条件下就会变暗，即碘发挥了腐蚀作用。然后，只需要给暗的地方（黑色部分）涂上酒精，使其变亮，正片便显现了。

但是曝光的时间依旧很长，要两天到三天。

1829 年与路易·达盖尔的结盟

路易·达盖尔既是画家，也是布景师。巴黎歌剧院与昂比距喜剧院 ①的装饰和舞台背景都是由他来负责的，因此名气很大。1822 年，他发明了将自然光与绘画手法相结合的透视画。实际上，是在昏暗的空间里展开一大块画布，当有光投射过来时，可以看到幻影的移动甚至立体感。1829年，达盖尔做研究做到了破产的地步，他选择与涅普斯联手，探索如何减

---

① 该剧院是巴黎最著名的古老剧场之一，建于 1769 年，1966 年被拆毁。——译者注

少曝光的时间。他们一起设计了一种由薰衣草油脂调配而成的感光度更好的药剂。

1833 年，涅普斯去世了。达盖尔没有止步，他独自将研究进行了下去。

达盖尔摄影法

自 1834 年，达盖尔渐渐发现（他注意到，涂了碘的铜板上因为搁置了一勺含银液体，便留下了痕迹），涂了含银液体的铜板喷上汞蒸气，感光性能会得到提升，如此便获得了照相的正片。从化学的角度进行解释，当汞与银混合，在感光性极低的黄色碘化银底色的映衬下，只会形成暗淡的影像，其实是暂时看不清楚。当我们用热盐水（起初是简单的食盐溶液，随后换成硫代硫酸钠溶液）进行漂洗，便会把银溶解掉，影像便显现了，且这次极为清晰、持久。而曝光的时间也缩短到了半小时，后期逐渐调整至 1~2 分钟。

1839 年，达盖尔将这项发明上呈给法国科学院。很快，国王路易 - 菲利普买下了摄影法，并以此向世界展现法国的伟大。1839 年 8 月 7 日，关于摄影的法律（"摄影"一词由法裔巴西人艾居尔·弗洛伦斯创造）颁布。王室给达盖尔和涅普斯的儿子分别发放了 6 000 法郎与 4 000 法郎的终生年金。

后续

1840 年，佩兹伐发明了既能抓拍人物肖像又能缩短曝光时间的广角镜头。而尼塞福尔·涅普斯的表侄涅普斯·德·圣维克托的命运与前者截然相反，他成功找到一种运用涂了蛋白的玻璃板进行摄像的方法：蛋白铺在光滑的玻璃板上风干，再抹上硝酸盐，那么玻璃板的感光度会得到提升。

1853 年，丹瑟发明了快速曝光的方法，随后汉尼拔·古德温发明了第一张赛璐珞胶卷。1888年，乔治·伊士曼开发的第一台流行相机柯达与赛璐珞胶卷一同进入市场。19世纪末，弗雷德里克·欧仁·艾维斯进行了第一次彩色摄影。

雷纳克与听诊器

外科医生泰奥菲勒·亚森特·雷纳克（Théophile Hyacinthe Laennec）发明了听诊器，这是一种放大声音的简单手段，然而却使得医生可以更准确地听出肺部和心脏方面的疾病，从而改善了诊断效果。雷纳克医生已经荣耀加身，但是他仍然不知疲倦，无私奉献，一直都在关注那些被疾病击倒的小人物的命运。

少年有为

1781年，雷纳克出生于坎佩尔一个律师家庭，家族中有多人在布列塔尼议会担任律师。然而雷纳克受舅舅纪尧姆，南特主宫医院主刀医生的影响，对医学产生了兴趣。母亲去世后，也是舅舅收留了他。14岁时，他便令人难以置信地早早展露出过人的才华。1795年9月，他被任命为南特军事医院的三等助理外科医生，这一光荣头衔只为宣告他是一名医科生。1898年，他成为一名二级医务人员。1801年起，他来到巴黎深造。他既要在四国学院接受古典式教育，还得在卫生学校进修医学课程，给他授课的老师有皮内尔、科尔维萨和杜普伊伦。在此期间，他结识了贝勒，并在科维萨尔[①]的出版物——著名的《医学杂志》上发表文章。

崭露头角

雷纳克博学多闻、诊断精确，在1803年的医学综合竞赛和外科竞赛中

---

① 科维萨尔是当时法国著名的医生，也是第二帝国皇帝拿破仑三世的御医。——译者注

获得双料第一。他还自学病理解剖学课程，与波义耳共同发现了结核病的病变根源：结核瘤。然后将这份研究成果写入自己的博士论文（1804），论文题目是《论希波克拉底学说——相对于实用医学》。雷纳克 23 岁时便已经获得博士学位。迪皮特朗①想将解剖学病变的分类法占为己有时，雷纳克与他发生了争执。

后来雷纳克最终成为法兰西第二帝国最著名的医生之一，为红衣主教费施、拿破仑的叔叔、夏多布里昂、拉门纳、斯塔尔夫人等名流都诊治过。他还发表了很多文章，并继续教授解剖学课程。

作为虔诚的教徒，雷纳克还会前往位于拉塞佩德街的慈善协会下属诊所，以便为穷人治病。

发明听诊器

1816 年，雷纳克成为内克尔医院的主任医师。就在那段时间，他创立了间接听诊法（即与用耳朵直接听诊的方法相反），换句话说，借助了放大声音的仪器。由于科维萨尔的影响，他翻译了奥地利医生奥恩布鲁格的著作，叩诊法（击打胸部）得以为人所知，而间接听诊法却还没有被认可。

有一次，一个年轻女孩来咨询雷纳克。对方已经出现了心脏疾病的症状，然而由于过于肥胖，雷纳克无法对其使用当时公认的方法：叩诊、扪诊、听诊。在巴黎散步时，他注意到位于横梁两端的孩子们会敲击横梁互相听着玩。"我想，"雷纳克写道，"我们或许可以利用身体也具有的这种特性。我拿出笔记本，把它卷成筒状，一端贴在心前区，一端贴耳朵这边——我竟然听到了心脏的跳动，真是又惊又喜，这种方法比直接用耳朵听要清晰得多"。

雷纳克由此发明了听诊器（该词来源于希腊语单词组合，即胸部和检查），当时这一发明被称为"胸语器"。

---

① 迪皮特朗男爵，当时法国著名的解剖学医生，也是军医。——译者注

1818 年，他出版了最著名的作品《论间接听诊和采用此种新方法的心肺疾病诊断术》。

被让·伯纳德教授盛赞为"精确科学之父"，雷纳克对肺部、心脏和肝脏的所有病症都做了详尽的描述。他还为布列塔尼地区的人民不辞辛苦，做出了重大贡献（1820—1822 年，他回到自家的凯尔鲁阿内克庄园，治疗自己的肺结核病）。回到巴黎后，他被任命为法兰西学院教授，随后又在皇家学院取得一席之地，1823 年还接替了科维萨尔的诊所职位。1826 年，雷纳克不幸被疾病夺去了生命。

华伦泰·阿羽依、夏尔·巴尔比耶·德·拉塞尔、路易·布拉耶与莫里斯·德·拉思泽曼——盲文的发明者

几位男士在法国彻底改变了盲人的名声和悲惨的命运。华伦泰·阿羽依率先设计了一种基于突起的符号进行阅读的方式。夏尔·巴尔比耶·德·拉塞尔则是真正创造了声音书写法（根据图表上的突出点来标记声音）。路易·布拉耶就此进行了改良：将突起的符号与字母表的字母相结合。至于莫里斯·德·拉思泽曼，他为盲人创建了一座理想的图书馆。

先驱者华伦泰·阿羽依

1745 年，华伦泰·阿羽依出生于一个叫作皮卡第的小村庄，最初接受了普赖蒙特雷修会会士（他们就在附近的修道院里）的教导，随后到巴黎接受传统教育。因为在外语方面具有极高的天赋，他成为翻译家，并在海军部担任翻译。大革命时期，他又找到了一份稳定的工作，即破译全欧洲的通信，尤其是以代码形式呈现的书信。

阿羽依很早就开始关注盲人及聋哑人的命运。1784 年，他在巴黎的圣阿沃伊街开办了一家皇家青少年盲人学校以实践他的教育方法。实际上，

他设计了一些突起的符号，通过触摸即可识别，可以用于盲人的教育。他创造的阅读方法靠的是纸张上突起的、放大的字母。但是通过手指去辨认这些字母，依旧不算容易。这种"印刷活字"还是没能解决盲人的书写问题。然而，阿羽伊的伟大功绩在于免费接纳眼盲的男孩与女孩，不因社会阶层而做区别对待。他为当时被社会完全遗弃的盲人开办了学校，是盲人学校真正的创始人。

开拓者夏尔·巴尔比耶·德·拉塞尔

1767 年，夏尔·巴尔比耶·德·拉塞尔出生于瓦朗谢讷，后来成为炮兵部队的军官，1789 年流亡到美洲。帝国初期回到法国后，他对文字的编码产生了兴趣。1808 年，他出版了《速写表格》一书，次年出版《法式速写原则：书写与讲话可以同样快》。他又尝试创立一种夜间书写法，即在夜晚也不影响阅读的方法：手指抚摸小刀镂刻出的、简化后的符号即可译出信息。这位炮兵军官的担忧不言而喻：他希望传达指令时能够做到悄无声息。

1819 年，巴尔比耶展示了他设计的一台用于在昏暗环境下镂刻文字符号的仪器，随后完善并采用了这种笔法。1823 年，他建议皇家青少年盲人学校采用这套体系。

这是什么？

当时，盲人只能通过辨认阿羽依发明的凸形字母来进行阅读，巴尔比耶的发明带来了惊人的进步。实际上，它是一种借助表格中的凸点来表达发音的声音书写法。表格的 36 个格子各代表一个发音，根据格子内 12 个点的排列组合方式可以判断到底是哪个音。此外，这台仪器还具有编码的功能。

然而，这一发明也是存在缺陷的：表格只能反映语音，不能反映标点；

再者，格子较大，识别一个字也要用上多个指头，因此阅读起来有难度。

当然，巴尔比耶还是首个为盲人创造手指书写法与手指阅读法的人。

路易·布拉耶——为盲人服务的盲人

路易·布拉耶对巴尔比耶的体系进行了一些改进：他采用了真正的字母表，且缩小了点格的尺寸。1809年，布拉耶出生于库普赖，很早便开始摆弄他父亲的马具皮件制作工具。3岁时，他在把玩一柄穿革锥（一种用于制鞋的锥子）的时候，扎伤了自己的左眼，伤势非常严重，且感染了另外一只眼睛——于是他成了盲人。他收到一笔助学金，前往皇家青少年盲人学校接受教育。他是个才华横溢的学生，老师甚至让他负责一些教学任务和学校的管理工作。

在巴尔比耶的成果上推进

自1819年起，根据巴尔比耶阅读法的应用效果，布拉耶尝试进行改良。但是他坚持采取语音体系而非字母体系。经过连夜的努力，他终于在18岁时（1827年）建构了一个新的体系。1829年，他出版了标志性的作品《由皇家青少年盲人学校的辅导教师路易·布拉耶为盲人设计的记话、写歌或者单旋圣歌的凸点法》。布拉耶的第一幅板上刻有一些小点和光滑的线条，与视力正常的人群使用的字母表很是相似，区别在于字母少一些。布拉耶还发明了一种阅读音符的方法。

尽管健康状况不是很好，布拉耶还是为发明语言书写机而耗尽了最后的精力。他还努力寻找一种方法，可以解决视力正常人群与盲人间的沟通问题。他想要通过精确定位凸点的位置来建立兼具可触性和可见性的识字法。他在一本小册子里展现了自己的"观"点（如果可以这么形容的话）。这本小册子便是《盲人可用的通过点和字母的形状来识别地图、几何体、音符等的新方法》。布拉耶最终英年早逝，辞世时不过43岁。

到了 20 世纪，布拉耶的遗体被迁入先贤祠的地下墓室，他成为最伟大的法国人之一。

最终章：音乐家莫里斯·德·拉思泽曼

1857 年，莫里斯·德·拉思泽曼出生。9 岁时，他与布拉耶一样，因事故导致失明。他在阿拉斯开始接受教育，在巴黎完成学业。鉴于自身的音乐天赋，他成为一名音乐教师，但是健康状况不好。他努力将盲人聚集起来，为他们和弱视人群开设了一座图书馆，其中储藏了各种类型的作品，最多的是音乐类的，还有文学类的，等等。1924 年，拉思泽曼去世。

卡雷兄弟与制冷机

1857 年，卡雷兄弟发明了一台制冷机，啤酒商和国际肉类批发商由此发财。但是，这台笨重的机器并不适合家用。

卡雷兄弟

身为工程师的费迪南·卡雷（Ferdinand Carré）相比弟弟更有创造力：比他小 9 岁的弟弟自己都承认哥哥的创造力也要"高出 9 岁"。两人都出生在索姆河畔的穆瓦兰。17 岁时，费迪南就已经开发出了一种用到水和硫酸的制冷工艺。随后，他逐步改进自己制冷工艺那庞大而笨重的仪器。1857年，他发明了冰箱，即一种以溶水氨气为运作基础的制冷吸收机，水充当吸收剂，氨则是制冷剂。1868—1869 年，夏尔·泰利耶也设计了一台用于保存易腐食品的制冷压缩机。费迪南抢在他前面为功能相近的冰箱申请了专利。由此，两人之间爆发了激烈的冲突。

费迪南在美国申请了专利，并于 1862 年的伦敦世博会上也展出了这项发明。他用这台机器制造了大量的冰。

然而，处理氮的过程存在风险，这台冰箱只能用于工业领域。

国内市场对卡雷的拒绝

向家庭主妇推销由木炭进行加热、氮水实现冷却的小炉子是不大可行的。弟弟埃德蒙·卡雷（Edmond Carré）设计了一个具有冷却功能的水壶（硫酸罐）系统，反而大获成功。这项发明满足了大众对冷饮的偏爱，因为冷饮在当时还是一种奢侈品。

制冷市场的斗争席卷了整个欧洲：瑞典人伊莱克斯与卡伊、苏尔寿、哈勒、威豪泽等英国和德国籍人士展开竞争。直到 1920 年，通用汽车才生产出第一台家用冰箱。法国家庭不得不再等 30 年……

卡雷兄弟——啤酒厂制冷设备之王

卡雷兄弟的重型现代机器找到了自己的市场。它是由巴黎工业家米尼翁和鲁塞尔制造的，根据机器的型号，每台机器一次产冰量达 12~100 千克。该机器出口到了欧洲，尤其是美国。尽管美国发生了内战，卡雷兄弟还是打破了北方的封锁，将他们的机器送到了南方各州。卡雷公司的代表成功给各家啤酒厂安装了 600 台机器。1860—1890 年，卡雷兄弟的机器在国际市场上占据了主导地位。除了啤酒生产业和制造工业，卡雷公司还在国际运输方面与泰利耶展开直接竞争：它为一艘名为"巴拉圭"号的船配备了冷藏舱，用于在欧洲、美洲和澳洲之间运输肉类。

其他发明

费迪南对其他研发领域也很感兴趣，如电力。他发明了一种照明调节器，还有一种能够产生超高电压的静电发生器。

富尔内隆与水力涡轮机

1827 年，工程师伯努瓦·富尔内隆（Benoît Fourneyron，来自圣埃蒂安地区）发明了水力涡轮机，因为使用了弧形叶片，涡轮机的能源输出量大大提高。

超群智力

伯努瓦·富尔内隆是一位工程师，1802 年生于圣埃蒂安，1867 年在巴黎去世。他是一位测量师的儿子，也许这便是他小小年纪便能把图纸画得很好的原因。凭借着出众的才智，富尔内隆 15 岁时就被家乡的矿业学校（当时称为矿工学校）录取。1819 年，他以第二名的成绩毕业，参与实际工作，如对圣埃蒂安 - 安德烈齐耶铁路线的缩小模型进行测试。

1827 年，富尔内隆发明了水力涡轮机。这是能源转换器历史上的重要阶段。当时，垂直轴或水平轴轧机的车轮产能极其低下。富尔内隆的涡轮机则用上了瀑布的势能：它安装在水中，进行高速旋转，比磨坊的桨轮效率要高得多。这意味着液压能以更高的效率转化成为机械能。在水电能源发展之前，液压产能方法成本低廉，相继成为热能与核能的竞争对手。

文艺复兴以来有关涡轮机的研究使得富尔内隆受益匪浅。据说是文艺复兴时期的伟大艺术家弗朗斯西斯科·迪·乔治·马提尼设计了涡轮机，但是这种说法的真假无法考证。法国人伯纳德·弗雷斯特·德·贝利多在其著作《液压建筑》中首次画出了带有弧形翼的轮子，即液压涡轮叶片的前身。早在 18 世纪，英国人巴克和瑞士人欧拉研究过这个问题。1767 年，法国人让 - 夏尔·德·博尔达指出，液压机的效率取决于水流的攻角。19 世纪时，工程师布尔金在 1822 年制造了一台液压机，另一名法国人让 - 维克托·彭色列设计了一款带有弧形叶片的涡轮。作为布尔金的学生，他对这些成果都做过观察。

1827年革新

1821年，波达尔斯锻造公司在杜河的奥尼翁桥建立了一家金属板和马口铁工厂，而工厂配备的液压轮功率很低，在能源供给方面不尽如人意。1827年，富尔内隆为这家工厂制造了首个弧形叶片涡轮机，它将1.3米高的瀑布水以最佳角度引入叶片。水对叶片的压力使涡轮轴转动，产生约6马力①的功率。富尔内隆的第一个订单来自位于汝拉地区的弗赖桑锻造厂，他让弗朗-公多地区的锻造大师卡龙给他们制作了两个涡轮机。1832年，富式涡轮机注册了专利。

1834年，法国科学院给他颁发了奖项，1839年的世博会上，他摘得一枚金质奖章；同年，国王路易-菲利普亲手为富尔内隆戴上荣誉军团勋章。

建于尚邦-弗加罗莱地区的工厂

富尔内隆先是在贝藏松地区建立了他的研究室，1838年时在巴黎也建了一个。19世纪30年代起，他制作的涡轮机功率越来越强大，成功回收瀑布提供的大部分动能。

从1850年开始，他创建了自己的生产单位，即位于勒尚邦-弗格罗尔的克罗泽-富尔内隆工厂。在那里，他生产的大部分机器是欧式涡轮机，还有一些发动机和蒸汽机。虽然磨盘的最大功率为20马力，但是富尔内隆的涡轮机的功率是磨盘的2倍，到19世纪末，甚至达到了180马力。

国际性成果

富尔内隆的涡轮机出口到整个西欧国家，主要市场还是在瑞士、奥地

---

① 1马力约等于735瓦。——译者注

利和德国，这些国家拥有丰富的瀑布资源。当然，俄罗斯、墨西哥和美国也有。在任何地方，涡轮机都节省了煤炭的使用。

在 19 世纪末，涡轮机经过改造，已经可以用来转换水能之外其他形式的能量了。因此，富尔内隆去世不到 30 年，便实现了热能（表现为蒸汽或其他气体）向电能或机械能的转化。

1855 年，未能成为法国科学院院士（而非波士顿科学院）的富尔内隆在世博会上又获得了一枚金牌。

1848 年，他当选为卢瓦尔河地区议员，但是在 1863 年的立法选举中连任失败。

他信仰圣西门的理论，被拿破仑三世皇帝看中，担任 1867 年世博会评审团成员。他临去世时将大部分遗产捐给了穷苦的人。

奥古斯丁·菲涅耳与分级透镜

作为光学专家，奥古斯丁·菲涅耳（Augustin Fresnel）对于光的波动本性有着浓厚的兴趣，他也证明了：与声音不同，光沿横波而非纵波传播。他还发明了车灯上装配的分级透镜，以增强其照明度。

神童

奥古斯丁·菲涅耳，1788 年出生于厄尔省的布罗格利耶地区。他的父亲是一名建筑师。深受冉森教派的影响，菲涅耳自小受到严格的教育，13 岁时进入卡昂中央学院，16 岁时进入巴黎综合理工学院。两年后，他在法国国立路桥学校学习应用性课程，很快成为一名工程师。

他接到的第一个任务便是在荒郊野外重建永河畔那座在大革命期间被摧毁的拉罗什城。此后，这座城改名为拿破仑－旺代或者旺代城。接着，他被调到韦松拉罗迈纳旁边的尼永工作。在这里，他需要铺设一条连接意大利和西班牙的道路。然而，对于这些工程，菲涅耳兴致索然，他倒是对光产生了兴趣，开始做相关的思考。读了著名天文学家和物理学家爱德华－康斯坦·比奥的论文后，他终于明白了心之所向。

第一批光学研究成果

拿破仑一世退位后，菲涅耳加入了波旁保王党。当皇帝从厄尔巴岛回到法国，他即刻被革了职。菲涅耳选择隐居在卡昂附近，全身心投入新的兴趣点上，试图建立一套光的波动理论。他并不认同牛顿提出的光有粒子属性这种说法，他借助积分法，证明了光的波动形式为横波而非当时人们认为的与声音类似的纵波。

他对于衍射、双折射、波动、偏振的研究成果，刊登在《物理化学年鉴》《科学普及协会公报》及《法国科学院论文集》中。

1819 年，菲涅耳因发表《衍射现象的总体核查》一文而荣获法国科学院颁发的奖项。这个过程并非一帆风顺，因为评审委员会主席阿拉戈提出，对著名数学家西梅翁－德尼斯·泊松的理论进行审核。后者声称：向深色圆盘垂直发射一束光，在圆盘后形成的阴影区中心会是一个亮点。

1823 年，菲涅耳入选法国科学院。他的声望是如此显赫，1825 年又被选入伦敦的皇家学会。

灯具上的多级透镜

菲涅耳从不止步于理论思索，对切实解决试验中遇到的问题也充满热情。在进入法国灯塔及信号标委员会后，他发明了多级透镜系统，极大地增强了灯塔的照明度，也提高了其定位功能。这一发明于 1827 年成功地进行了第一次试验。然而同年，菲涅耳因结核病而不幸离世。

马克·塞冈与管状蒸汽锅炉

作为一名天才工程师，马克·塞冈（Marc Séguin）的发明可以说是他那个时代所有创新的助产器：吊桥、汽船，尤其是蒸汽火车。正是他在圣埃蒂安和里昂之间铺设了法国第一条铁路，由此赚到了一大笔财富。

悬索桥大师

1786 年，马克·塞冈出生于阿诺奈地区，是著名的蒙戈尔费埃兄弟的侄孙。身为工程师的他希望能够废除渡船，因为渡船拖慢了过河的速度。在家里其他兄弟大力支持下，他试图找到一种新的渡河方式。为了发展经济，不应该有通畅的交通吗？他认为可以建造一种由电缆束和钢筋混凝土桩构成的吊桥系统。

1822 年，塞冈在阿诺奈附近的康斯河上建造了第一座 18 米长的桥梁。1923 年，他在罗讷河畔圣瓦利耶附近的加劳尔河上建造了一座长度为 30米、桥面高度为 1.65 米的吊桥。随后，他得到许可，自费在图尔农建造了一座桥，即著名的帕斯海勒桥。它横跨罗纳河，全长 85 米。该工程于1825 年交付使用，过桥可收取通行税。

1827 年，在阿尔代什的塞里耶尔附近，搭建的一座巨大的悬索桥，海拔与沙纳地区同高，配有中央桥墩，这座桥现在依然在使用。

作为这项技术的顶级大师，塞冈兄弟由此在法国及国外共搭建了 200座左右类似的桥梁。

他设计了一艘蒸汽船

马克·塞冈生性活力十足，马上投入蒸汽船的建造之中。他想把里昂和阿尔勒联系起来，搭起里昂与阿尔勒之间的航线。1824 年，"沃尔提格"

号开出船厂，配备了 3 个管状锅炉（每个锅炉内装有 80 根直径为 4 厘米的管子）。在维也纳和里昂之间进行的试验非常具有说服力，乃至可以申请专利，因为理论上功率可以增加 6 倍。

马克·塞冈一个基本的想法是，河运和铁路运输不该相互竞争，相反，应当是相互补充的。

转向蒸汽火车的制造

因此，他决定为铁路货车（当时由马匹拉动）配备一个带有管状锅炉的机车，使蒸汽产量成倍增长。他与英国人史蒂芬森保持着密切的关系，后者发明了"火箭"号火车，并早在 1829 年就成功达到了每小时 18 英里（约 32 千米）的空载速度。他受此启发，决定在圣埃蒂安和里昂之间修建一条铁路来运输煤炭。他在英国纽卡斯尔购进两台旧型号的二手机车，给它们安装了自己设计的管状锅炉（蒸汽通过烟囱排放），从此，机车的速度提高到每小时 40 千米。1829 年年底，在佩拉什的一条特殊赛道上进行了测试，结果令人相当有信心。塞冈参与招标，获得了圣埃蒂安 - 里昂铁路线的开发权，并创建了圣埃蒂安 - 里昂铁路公司。

然而，建设这条全长 58 千米铁路时遇到了许多困难，如马车车夫的敌意、购买一小块土地花费的巨大成本、需要建造的多处桥隧工程（几座桥梁，其中一座横跨索恩河；14 条隧道）。日沃尔与里沃德日耶之间的第一条铁路于 1832 年通车，但是起初只用于货运通道，第二年才允许载客。1832 年，里昂与日沃里也由铁路连接在了一起。最后，1833 年，里沃德日耶与圣艾蒂安之间的线路被打通，但是，由于两地间的坡度很陡，不得不用马代替机车进行牵拉。直到 1844 年，这匹马才被换下。

退休后，塞冈住进丰特奈地区一处原为本笃会修道院的地方，全身心地投入他的工作中。他一直活到了 90 岁，因为和两任妻子共孕育了 19 个孩子，所以年老时已是好大一家子人。1875 年，塞冈去世。他一生备受尊重、广得好评。

让－弗朗索瓦·尚博里翁与古埃及象形文字的破译

尚博里翁将自己整个青年时期都用来破译著名的古埃及象形文字。这位天才在 33 岁时终于获得成功，但此时他已经为此筋疲力尽。在成为法兰西公学院的古埃及学教授之后，1832 年他便猝然去世，甚至没有来得及出版他的两部重要作品：《埃及语词典》和《埃及语语法》。此事后来由他的兄弟来完成。

埃及学狂热爱好者

1790 年，让－弗朗索瓦·尚博里翁（Jean-François Champollion）出生于菲热克，父亲是书商。他是一名耀眼的语言天才：9 岁能说拉丁语，13 岁习得希伯来语，12 个月后又掌握了阿拉伯语。他在格勒诺布尔学习时，便已经对破译罗塞塔石碑产生浓厚的兴致，为此他专门找来一份副本。石碑上共有 3 种文字，即希腊字、象形文字和民书字（一种从古埃及象形文字衍生出来的古埃及草书文字，也称为世俗体）。他前往巴黎，学习科普特语、阿姆哈拉语（一种阿比西尼亚语言）、梵语、汉语和波斯语，还在法兰西学院和东方语言特别学校进修相关课程。此外，他编写了两本科普特语的语法书和一本字典。他的观点是，所有这些语言之间都有联系，掌握这些语言将有助于他理解古埃及语。

初期的埃及学研究

1807 年，他解决了托勒密五世的法令之谜，即罗塞塔石碑之谜，并成功地将各种符号进行分组。 事实上，这块石头包含了 1419 个埃及符号，只有 486 个希腊词……凭借论文《康比西斯征服前的埃及地理的描述》，他当选为科学和艺术学院的院士。1810 年，尚博里翁产生了一个绝妙的念头，即象形文字符号要么是代表一个概念的纯表意文字，要么是代表声音的标音符号。古埃及文字同时具有象征性、形象性和字母性。在格勒诺布尔担任教授时，尚博里翁有不少闲暇时间进行他所珍视的研究。他确定了石头上各种埃及文字的年代，得出象形文字比德莫特文字更为古老的结论。他了解到，半身像只是简化版的象形文字。于是，在 1821 年，他成功破译了法老托勒密五世的签名图案。在菲莱，他认出了方尖碑上克里奥帕特拉的名字。

致达西尔先生的信，关于音译象形文字的字母表

伟大的一天终于到了：1822 年 9 月 27 日，尚博里翁在写给达西尔先生的信里（寄到法兰西铭文与美文学术院），宣布破译了象形文字。说实话，他还只能读懂从希腊文转录成象形文的文字。

1824 年，他出版了一部未竟之作《古埃及人的象形文字系统纲要》。他面对来自英国人杨和萨克斯的竞争，也遭到了西尔维斯特·德·赛西的批评。这位著名的东方学家更倾向于古希腊语法学家霍拉波隆的论文，霍拉波隆是著作《象形文字》的作者，尚博里翁在此基础之上解释了一些表意文字。

1826 年，尚博里翁被任命为卢浮宫埃及藏品保管人，在查理十世的支持下，卢浮宫获得了英国驻埃及领事亨利·萨特的藏品，这位保管人为此激动不已。他成功将卢克索方尖碑转移到法国，该方尖碑于 1833 年年底由国王路易·菲利普国王竖立在协和广场上。

1828 年，他终于实现了自己的梦想——亲自前往埃及。在那里，他获得了许多物品，并进一步完善了他对古埃及语的阐释。1830 年回到巴黎后，他进入法兰西铭文与美文学术院，并在法兰西公学院担任古埃及学教授。他撰写了《埃及语语法》和《埃及语词典》。但是不间断的活动耗尽了他的精力——1832 年，尚博里翁去世，享年 42 岁，上文提及的作品都没来得及出版……他的兄弟雅克·约瑟夫替他做了这件事。

尚博里翁解开了过去最大的谜团之一——埃及文字，这是人类历史上最古老、最持久、最先进的文明的客观见证。

安培与贝克勒尔——电与信息传输和"光伏"

安培是电磁学之父，测量过电流的强度，而安托万·贝克勒尔接力他的工作，将光转化成了电。

安培：声望日隆

安德烈－玛利·安培（André-Marie Ampère），1775 年出生于里昂附近。他学习数学很轻松，对于拉丁文却并不上心，然而这门语言是当时科学家撰写论文或论著时通用的语言。为了谋生，安培教授科学类的私人课程，后来在布雷斯地区布尔格获得了一个教师的职位。1803 年，他的夫人英年早逝，这给他带来深切的伤痛，以至于完全无法从中解脱，哪怕后来有了第二段婚姻。同年，他前往里昂，任职数学老师。1809 年，安培在巴黎综合工科学校获得数学教授的席位，从此名声大振。1814 年，他入选法国科学院院士。1824 年，安培与勒菲弗尔·吉诺相继出任法兰西学院的普通物理学教授。

电磁学及电流强度测量（电流计）之父

自 19 世纪 20 年代起，安培成为一名真正的传奇科学家。他的多次科学探索性实验为发明电动机做足了中期研究。所有初高中生都认识这位名人，他展现了电磁之间的关联。此外，他还借助第一支电流计测量了电流的强度。实际上，安培天才般的直觉要更为宏大。丹麦人奥斯特发现了磁场（通电金属线可以产生磁力效应，使得罗盘的指针偏离原来位置并进行旋转），安培就尝试给出一种更为全面的解释。除去电磁学，这位天才的里昂人在电动力学方面也表现得才华横溢。安培通过实验证明：两条通电金属线可以彼此作用。他还确定了在没有磁铁作用的情况下金属线如何摆放才可以产生这些影响。安培认为，由于地球围绕太阳永久旋转，因此地球处于恒定磁化状态，而太阳的热作用又施加在地球每个子午线区域……安培进一步推想，可以依据磁针被电池磁化这一规律来传播信息：这恰好就是电报原理。

大部分电动力学的规则都出现在了安培的作品中：通电导体会对彼此产生力的作用。如果电流方向相同，导体之间相互吸引；反之则相互排斥。

安培也是一名大化学家

安培也是研究分子流假设的第一人，该假设提出：无数通电的粒子在导体中处于运动的状态。

他与阿伏伽德罗采用化学的方法证实了所有定量气体内充斥着等量的分子。

1836 年，安培死于肺部疾病。

安托万·贝克勒尔与电化学

1788 年，安托万·贝克勒尔（Antoine Becquerel）出生。他是个性格开朗、思维活跃的智者。18 岁从巴黎综合工科学校毕业后，他成为一名优秀的军官，追随元帅叙谢在亚拉贡打响了著名的对西班牙作战。1812 年，即 24 岁时，他升任上尉。次年，成为巴黎综合工科学校的副校监。1814 年，他投到拿破仑麾下，参与了朗格勒地区和特鲁瓦地区两场战役。1815 年，贝克勒尔离开军队。

此后，他把真正的热情投入到科学领域。1823 年，他确定了热电现象的一些规律。贝克勒尔对电化学深感兴趣，也对双液电池进行过探究，即恒定电流、金属的导电性、气候学、大气电等。他的两部主要作品《论电学与磁学》和《论物理在化学与自然科学领域的应用》，都是 1829 年进入法国科学院后撰写的。1837 年，他应邀担任物理学（应用到博物学）教授。

历史长河中留下了贝克勒尔的名字，因为他提出的光伏电池理念实现了光向电的转化。

巴泰勒米・蒂莫尼耶与缝纫机

一个帕尼西埃地区的小裁缝，看到里昂山地区的工人在农场里刺绣的场景，受到了启发，便发明了一台缝纫机，直接将缝纫的单位产量提高了 6 倍，堪称一场真正的革命！但是，为了拿到军队的订单，巴黎地区的裁缝摧毁了他建造在当地的工厂。

帕尼西埃地区的裁缝

巴泰勒米・蒂莫尼耶（Barthélemy Thimonnier），1793 年出生于拉尔布瑞斯尔地区的罗纳河流域。他是家中的长子，共有 6 个兄弟姐妹。在里昂，跟随圣约翰学习了基础的技能后，他回到昂普勒皮地区，在卢瓦尔河畔的帕尼西埃当起了裁缝。30 岁时，他来到福尔热地区的圣艾蒂安，在城郊居住了下来。蒂莫尼耶一直想提高工作的效率，他注意到，里昂山下农场里的工人们会使用一种钩针，类似链条（一堆环依次扣住，连成一条）的一节，而工人们只需重复动作即可：线头穿过布料，在钩针上绕一圈，再次穿过布料来到背面，如此往复。

发明第一台缝纫机

1829 年，蒂莫尼耶发明了第一台缝纫机（纺机的一种）。他并没有被成就感冲昏头脑，另请矿业工程师奥古斯丁・费朗重新绘制了图纸并拿去申请专利。同年 7 月 17 日，专利申请成功，为两人所共有。随后，他带着缝纫机来到巴黎，开设了一家真正意义上的服装加工坊，按照接到的订单开始制作军装。

蒂莫尼耶没有发明创造方面的经验，他通过自学，设计了一种机器：桌面安置一转轮，转轮带动摇杆上的针在两固定点之间上下移动。操作者用手将布料从钩针下推过，同时踩动桌面下的踏板。缝纫时手脚应当灵便，并借助螺杆控制好钩针距离布料的高度。这台机器每分钟钩刺 200 下左右，是纯手工缝纫时工作效率的 5 倍到 6 倍！可使用蜂蜡对缝纫进行固定。其实当专利许可证下发时，蒂莫尼耶已经对机器做了改良：转轮被撤了下来。

蒂莫尼耶发明的机器，具备操作方便、占地不大的优点，而一项缺点不容忽视：一旦钩针的某一次刺穿歪斜了，操作者只得拆线重新开始，没有即刻修改的机会。

社会性戏剧！

1831 年，蒂莫尼耶在巴黎的塞夫尔街开了一家大型服装加工坊，配上了 80 台机器。但是当时的社会氛围是非常动荡的，例如，在里昂，丝绸工人的抗议一波接着一波；到处是罢工运动，在南特、鲁贝、圣艾蒂安尤甚，人们对于各种工作器具进行破坏，蒂莫尼耶所处的巴黎同样如此。他的作坊生产效率非常高，其他裁缝对此嫉恨不已。一次示威游行中，他们将作坊砸了个稀巴烂。蒂莫尼耶从中救出几台机器，也有人说只有一台。他选择回到昂普勒皮地区，重操旧业。

悲惨地死去

尽管在巴黎的生意惨淡收场，蒂莫尼耶并未从此一蹶不振。在 19 世纪 40 年代，他试着继续改良缝纫机，申请新的专利。虽然此后在工业展览会乃至博览会上摘获了很多奖项，他的缝纫机从未实现商业化推广，赚来的收入也只够养家糊口。1857 年，在昂普勒皮，这个小裁缝于贫困中结束了自己悲惨的一生。

两个美国人豪和桑热参考了蒂莫尼耶和沃尔特·亨特的设计，形成了他们的版本（亨特用带针眼的钩针替代了蒂莫尼耶那种安置在吊钩上的小针，并添加了梭子来保证第二针的稳定性）。1846 年，豪与桑热的缝纫机获得专利，此后迎来极大的成功。

夏尔·索里亚和黄磷火柴

一小截火柴的发明者是个法国的乡村医生……他发现了避免黄磷火柴副作用（自燃）的诀窍，即用硫化锑和氯酸钾的混合物制作火柴头。可是，他缺乏资金，也无法申请到专利。于是，一个德国人率先掌握了它……

火柴

似乎是中国人发明了第一根带有硫黄涂层的火柴。显然，点火比钻木取火要更为方便、快捷！

正是在 17 世纪，德国化学家布兰德发现了磷（词源是希腊单词，意思是“带来光明”）。很快，爱尔兰人罗伯特·波义耳公布了磷的制作方法，并开发了在高温下或与火花接触时能点燃的磷棒。其实，磷是从烧毁的骨头中提取出来的。

法国人尚塞尔想出了切割木棒并在其末端涂上硫酸基的办法。另一个法国人德罗斯内随后想到，不如使用磷。诚然，磷会产生强烈的光亮，60℃的温度便足以点燃它。然而，它燃烧时释放出的残留物还可能起火，这就使得磷的使用变得危险。

1817 年，英国药剂师约翰·沃克真正发明了通过摩擦即可点燃的火柴，但他无法控制磷已为人所熟知的副作用。

夏尔·索里亚制作了一种化合物

最后，第三个法国人，夏尔·索里亚 1812 年出生在汝拉地区的波利尼，他在学生时代就制作出了安全火柴。据传言，一次化学实验中发生了磷爆炸事故，他便是受害者。

1831 年时，索里亚决定用硫化锑取代一部分磷。实际上，火柴的可燃部分具有更复杂的成分。它是由硫化锑、白磷、氯酸钾、硫黄和胶质的混合物组成。

不幸的是，索里亚的研发资金不足，便无法为自己发明的火柴申请专利。德国人卡默勒掌握了这个配方，注册了专利，1833 年在奥地利开办了第一家摩擦火柴厂。1837 年，一位德国化学家用过氧化铅取代了氯酸钾，从而可以控制磷的过度可燃性。但直到几年后，火柴厂工人的中毒问题才算解决……随后红磷替代了白磷。1851 年的世界博览会上，来自瑞典的伦德斯特伦兄弟推出了著名的安全火柴。

乡村医生

成为一名乡村医生后，索里亚转向关注起农业。作为傅立叶的弟子，他创建了一个居住区，每个人都要与成员分享其劳动成果。1895 年，索里亚悄然离世。

纪尧姆·马西科与切纸机

一个刀剪匠发明了用来切纸的机器。有了这条大刀片，印刷工人们可以切割纸张并修剪其边缘，纸张的浪费程度降低了，本身也更为美观了，书本的边沿因而变得光滑。无论是印刷业还是出版业都受益良多。

一个近乎被遗忘的人

纪尧姆·马西科（Guillaume Massicot），出生于伊苏丹，活了 73 岁去世，但是人们对他知之甚少。和其他有追求的工人一样，他在法国四处游历，随后选择在布尔日定居，从事刀剪匠这一职业。1840 年，他搬到首都巴黎，在此期间，改良了工作用的器具，从而能够干净利落地切割纸张、修整其边沿。尽管身体一直不算健康，他却活到了晚年。今天我们称为马西科的器具，正规名字是切纸机，对于造纸工人、印刷工人和精装书装订工而言都是必不可少的工具。19 世纪 50 年代以后，摄影师也同样离不开它。因为有了这种器具，人们可以按想要的尺寸对纸张进行切割、对装订好的书籍进行打磨。实际上，在当时，书本的纸张必然有各种不同的尺寸需求，而纸张本身的光滑度和边沿的整齐程度都不尽如人意。

马西科——一种危险的工具

纪尧姆·马西科设计了一种大体量的装置，包括一张工作台，侧边的小桌面上放着一沓沓待裁的纸张，而一条拱形支架上悬吊下来的斜角金属刀便是这个装置的核心部位。工作台后侧配有一把角尺，它会与裁纸刀保持平行滑动以确认需要裁剪的尺寸。另有一根螺杆垂直置于刀片一侧以确保角尺的移动轨迹与需裁剪的尺寸相吻合。一旦纸张放好位置，操作"马西科机"的工人们要同时做两个动作：手按纸张、脚踩踏板，看着刀片下落，对纸张进行切割。这项工作是危险的，发生的意外不计其数。

马西科机的用途

在印刷工作的各个阶段都会用到马西科机：先将一大卷纸张切割成印刷需要的尺寸，随后再次切割做精加工处理，最后对折叠成书本、杂志乃至报纸的纸张进行侧边打磨。到了现在，操作切纸机时已经安全很多：设置了指令的反重复性系统以防刀片突然掉落；安装了红外线传感器，当拱形支架的截面感受到异物侵入，便会拉紧刀片；尤其是运用信息技术和电脑程序来改造切纸机，工人不再需要手动操作。普通人也能使用小型切纸机，至于工艺品制作如相册或是非常时髦的活动——相册美编，这种器具同样很是实用。

约瑟夫·莫尼耶和钢筋混凝土

听起来不可思议，约瑟夫·莫尼耶（Joseph Monier）的第一批强化砂浆，是用来培育柑树的花盆。很快，他意识到这种新型材质的重要性。随后，他采用新材料，接连制造了槽口、墙板乃至桥梁。莫尼耶并没有止步于此，他进一步设计出了真正的钢筋混凝土。

混凝土和砂浆的区别

混凝土是碎石、沙土、砂砾和水泥融合而成的产物。金属架构周围浇铸混凝土，可增加其强度。混凝土钢筋与既无砂砾也无钢铁的强化砂浆相比，承受力得以大大提高。自从钢筋混凝土投入运用，城市建设相应地发生了极大的变化，无论是承重还是高度，都达到令人惊叹的程度。想要建造大规模的桥梁或是摩天大楼，也不是不可能了。

约瑟夫·莫里耶——从专注园艺到发明混凝土

约瑟夫·莫里耶，1823 年出生于加尔省的圣康坦－拉－波特里耶地区，职业是园丁。1847 年，法国人约瑟夫－路易·兰保在马赛建造了一艘强化砂浆材质的小船，却没有继续进行材质方面的探索。随后，莫里耶发明了钢筋混凝土，可谓将这条道路铺展了下去。他先是为培育柑树（于泽公爵的公园中）而制造了一种强化砂浆材质的花盆（木板箱内部贴一层铁丝网并浇铸砂浆），足以承受土壤和柑树根茎的推力。1867 年，莫尼耶为自己的发明申请了专利。

申请更多的专利

1868 年，约瑟夫·莫尼耶为他的两项新发明申请了专利，分别是钢筋混凝土材质的管道和槽口。次年，他用钢筋混凝土材质的墙板将房屋周围的花园围了起来。1872 年，他采用同样的技术为布吉瓦尔地区修建了储水量达 130 立方米的水库。1873 年，他为钢筋混凝土材质的桥梁及陆上天桥申请了专利。1875 年，在夏兹勒城堡，第一座钢筋混凝土材质的桥梁建成，拱形的上下落差达 14 米。1878 年，莫尼耶为掺杂了铁材料的钢筋混凝土房梁申请了专利，这是建筑材料由强化砂浆转变为钢筋混凝土的关键阶段。约瑟夫莫尼耶来到巴黎定居，1906 年于当地逝世。

钢筋混凝土得以普遍运用

20 世纪初出现了第一批以钢筋混凝土为材质搭建的建筑。其中，在小城布尔格拉瑞恩，弗朗索瓦·埃纳比克的别墅可以算是标志性的存在。奥古斯丁·佩雷、罗伯特·马亚尔、欧仁·弗雷西内和勒·柯布西耶这四位建筑师，他们都是这一冒险性尝试中的英雄。

预应力钢筋混凝土的发明

约瑟夫·莫尼耶发明的预应力钢筋混凝土加强了混凝土的抗弯强度。沿着钢筋骨架浇筑混凝土并进行压缩处理，从而更为坚固。这种材质可以承受更大的荷载量，因此应用于桥梁、拱门等设计中。

弗朗索瓦 – 埃马纽埃尔·维尔干与洋红色

为了替代从植物（如石蕊、茜草等）中提取的自然色，里昂的洗染工竞相发挥各自的创造力：吉农黄、吉美蓝（甚至其他品种）相继产生后，维尔干发明了洋红色。

染料之争

各大丝织厂极力推销其产品，尤其是女式长裙，推动了人工染料的诞生。为了卖出其生产的缎子、丝绒和塔夫绸，厂商追捧鲜艳的色调，鼓励化学物质的研发。染料之争也使得欧洲染料产业的两大中心——英国和法国，形成了竞争的关系。第一批创造出来的染料有苦味酸黄：洗染工尼古拉·吉农从煤焦油中提取而出，在灯光下色泽不够稳定；以及苯胺紫，英国人威廉·亨利·珀金以苯胺为基础调试出的紫色。法国市场并不认可苯胺紫，但是这种颜色对于里昂人格外具有吸引力。吉约蒂埃的两个厂商——莫内和迪里，将这种颜色命名为哈马灵并出口到英国，结果大受维多利亚女王喜爱。苯胺紫和法国本土的紫红色不应当混淆，后者是 1857年，由里昂人艾蒂安·马那斯从石蕊（苔藓的一种）中提取出来的，与丁香、锦葵、紫罗兰和深紫色之间存在着极其细微的差别，而欧仁尼皇后尤其喜爱深紫色。法国皇室的订单接踵而至，于是街头巷尾都在谈论这种著名的"皇后紫"。自 19 世纪 60 年代起，马那斯的合伙人查理·吉拉尔和 G. 德·莱尔通过加热苯胺和品红获得一种所谓的皇家紫色。

维尔干的洋红色

弗朗索瓦 - 埃马纽埃尔·维尔干（François-Emmanuel Verguin），1814 年出生于里昂。在马蒂尼埃地区有一所学校，自 1826 年起，专门开设化学课，教授丝绸与纺织品的洗染技术。后来多名里昂的染料发明者均在此处学习过，除了维尔干，还有吉农和马那斯。1858 年，维尔干发明了一种鲜艳的美丽的红色，他将之命名为洋红，因为次年，法国取得对奥地利的胜利。他很快申请了专利，保护自己的知识产权。洋红色，作为一种鲜艳的红色，可以通过加热掺了四氯化锡的品红获得。这种红色也是其他 3 种主要颜料的基础：里昂蓝、霍夫曼紫和珀金绿。因此，洋红色可谓大获成功。

洋红色很快取代了茜红色（取自一种植物，其中的茜素是红色染料的成分），后者要昂贵得多，原本用于法国军裤的指定染料。

病中转让专利

然而，维尔干生病后，便没有资金再进行染料方面的发明了。1859 年，他把洋红的专利以 10 万法郎卖给里昂的两个洗染工——列那尔兄弟。后者给这种染料换了个名字为品红，因为其色泽接近吊钟海棠的颜色（品红是 fuchsine，吊钟海棠是 fuchsia，可见是同一个词源）。苯胺在里昂已经实现批量生产，列那尔兄弟在位于斯泽码头的作坊里生产品红便没什么困难。他们禁止同行的竞争者生产类似的颜色。由于色泽绚丽多变、覆盖力强、洗染织品较为容易，种种优异的性能都确保了品红的发展。

里昂的几名化学家选择前往瑞士生产品红，因为当地对于专利的保护更为灵活，还能以更低的价格返销法国国内。其实，在 19 世纪后半叶，瑞士及德国的染料业相继已经在进行类似的活动。

列那尔兄弟得到里昂信贷银行的资助后，创立了品红生产公司，但是国外的新型竞争使得他们没能实现赢利。1868 年，该公司停产，随后卖出专利——里昂的品红生产就此结束。

亨利·吉法尔与第一艘飞艇

一种由蒸汽驱动的、形态拉长的热气球，叫作飞艇。1852 年，亨利·吉法尔（Henri Giffard）驾驶着飞艇完成了 27 千米的首飞。而 1878 年世界博览会期间，这艘飞艇被拴好，方便巴黎人从高空中欣赏首都的美景。同年，

35 000 人登上飞艇，体验前所未有的升空经历，吉法尔由此获得了更大的成功。

青年俊杰

吉法尔，1825 年出生于巴黎，先是就读于波旁学院，随后进入巴黎中央理工学院。这是一位技术的狂热爱好者：他坚持亲自驾驶火车头，还坐着热气球实现了升空。

第一艘飞艇

1849 年，吉法尔 24 岁，他开始制造高功率的发动机。1859 年时，他发明了一种锅炉的喷射系统，但是因为缺乏资金，没能完工。随后，他转而尝试将蒸汽运用到航空领域。1851 年，他创造了一个拉长形态的热气球，并于 1852 年 9 月 24 日完成试飞。这个气球的体积达 2 500 立方米，由一个 3 马力的蒸汽（煤、气混杂）发动机驱动，从巴黎飞到特拉普，飞行距离达 27 千米。这是第一次有飞艇作为可操控的飞行器飞上天空。

喷射器带来的横财

1858 年，吉法尔发明了一种可以替代泵的蒸汽喷射器，他为此申请了专利，之后发了一笔横财，但是有人指责他，在离心力系统方面不过是作了抄袭。这种系统由两个相互隔开的圆锥体构成，蒸汽在此处冷凝后，以速度的形式将能量传给锅炉中的水，从而使得锅炉也处于高温状态，而且能量可以毫无损耗地得到保存。1859 年，这门技术同样应用到了火车头上，且大获成功。第二年，吉法尔在没有提交任何奖项申请文件的条件下被授予了机械奖！

蒸汽热气球万岁！

吉法尔由此成了百万富翁。他重新投入最感兴趣的飞艇研究中。1867 年世界博览会期间，吉法尔展示了一个体积达 10 000 立方米的飞艇，人们登上这艘拴好的飞艇，可以体验升空的感觉。欧仁尼皇后更是坚持坐上飞艇，在高空欣赏晴空万里的景致。1878 年世博会的开幕仪式上，主办人马克·马翁借着飞艇向全世界宣告：法国曾经被普鲁士击败，但是已经实现了复兴。他展示的热气球也是拴好的，但是体型更为庞大。其吊篮可以乘载 50 名乘客，带着上流社会的女士们、先生们体验激动人心的升空之旅，且不会有任何危险（拴在地面上）。1878 年，"球体"号飞艇，材质是涂上胶的帆布，直径为 36 米，体积达 25 000 立方米——比肩拜占庭圣索菲大教堂的圆形穹顶。在世界博览会举办的 6 个月（从 5 月 1 日到 10 月 31 日）里，约计 35 000 人乘坐飞艇，"飞"到了杜伊勒里宫的庭院上空，而整个巴黎尽收眼底。

悲剧性的结尾

亨利·吉法尔为无数人提供了飞行的体验，自己却在 1882 年自杀了。这位启发了儒勒·凡尔纳的人将财产交给国家，用以救济贫困人士并支持科学的发展。

让－贝尔纳·莱昂·傅科——钟摆与陀螺仪之父

傅科是一名物理学家。他想要通过悬挂在先贤祠穹顶下的单摆证明：地球是自转的，这一现象主要是为了抵抗太阳的引力。[1]他还发明了于防滚动而言非常有用的陀螺仪，另外还有偏光镜。

好奇之心

让－贝尔纳·莱昂·傅科（Jean Bernard Léon Foucault），1819 年

---

[1] 地球自转的原因是地球形成时带有角动量，即自转速度，由于角动量守恒，形成了地球的自转。——译者注

出生于巴黎，在家中接受教育。完成医学方面的学业后，他转而研究物理学。达盖尔的摄影术、多内的显微解剖学成果，他都非常感兴趣。傅科与西波里特·菲索关系匪浅，两人共同研究过太阳光的强度。他还和物理学家雷纳德合作研究过双目的视角问题。

1850 年，傅科发明了一台测量电流速度的仪器，并与菲佐共同证明了，光在空气中的移动速度比在水中更快，而速度与在特定物质形态中的折射率成反比。

1851 年：先贤祠的单摆实验

傅科之所以出名，是因为他在先贤祠进行了一场科学实验：用单摆证明地球是自转的。1851 年 1 月，当时是第二共和国时期，傅科先是在位于阿萨斯街的自家地下室里拉了一根 2 米长的金属丝，将一个重量不小的铁块单摆悬挂在线上。单摆发生的轻微晃动披露了"地球会自转"的事实，除此以外，也解释了昼夜交替的原因。单摆的摆动平面，在南北两极是 24 小时完成一圈，而在巴黎则是 32 小时，这便是纬度的差异。实验结果可谓非常重要，说明地球并非无法抗拒太阳的引力，不然几天内便会被吸走。

当然，观察者本身也在移动，因为地球的转动方向与钟表走针是恰恰相反的。也就是说，地球的转动使得单摆呈现反方向的晃动。

共和国总统路易·拿破仑·波拿巴是一名科学爱好者。第二次实验在巴黎天文台结束后，他将先贤祠交给傅科，于是巴黎市民得以在这里看到傅科装置的巨大单摆。1851 年 3 月 31 日，伟大的一天终于到来！在密集的围观人群前，从穹顶悬下一根 67 米的钢丝，当一个直径为 18 厘米、重量达 28 千克的球形单摆挂上钢丝后，竟然开始晃动：在摆动持续的 16 秒内，摆尖先是向左侧滑动了 2.5 毫米，随后是向右摆动到离起始点 2.5 毫米的地方，如此反复。

然而，1851 年 12 月 2 日的政变后，先贤祠变回了万神庙，恢复了过往的宗教属性，象征科学精神的单摆只得撤下。

留下来的单摆

参加了 1855 年的第一届世博会后，傅科在工业宫又放置了一枚电磁摆，这枚单摆随后被挂在了当时的圣马丁 - 德尚修道院（即现今的工艺博物馆）的小教堂里。1902 年时，傅科在先贤祠做了一次新的实验，最终确定下了这枚单摆的位置即第一次实验的地方。

发明陀螺仪

这种仪器由一个圆盘或者说一个轮盘构成，它始终绕着轴线旋转。尽管地球在自转，但是悬挂系统的惯性会使得轴线保持在一个方向上。船只的防横摆装置在设计时便遵循了同样的原理。1885 年，凭借所做的工作，傅科得到伦敦皇家学会的赏识及其颁发的科普利奖。

最后 30 年

傅科接着做实验，并于 1857 年发明了偏光镜，又名傅科镜，其用途在于可以在某个特定方向上传播光。他还计算了光的速度，随后成为经度局的成员，并获得荣誉骑士勋章。这一次，他被批准进入英国皇家学会及法国科学院。最终，病逝于 1868 年。

亨利·圣克莱尔·德维尔与铝的工业化生产

作为一名对化学有着浓厚兴趣的医生，亨利·圣克莱尔·德维尔（Henri Sainte-Claire Deville）认识到，铝具备优质的电导率，必定会在未来得到广泛应用，因此他在铝金属的提取方面做了很多重要的工作。1855 年的世博会上，他展示了提纯后产生的第一批铝块（已减少含钠的氧化铝成分）。

而以铝为基础生产出来的矾土更是给铝产业带来了革命性的变化。

医生兼化学家

亨利·圣克莱尔·德维尔，1818 年出生于安的列斯群岛中的圣托马斯岛（当时划归丹麦管辖）。他的父亲是一名船商，原籍在法国的佩力古尔丁，虽然还担任圣托马斯的执政长官一职，但是并没有放弃原先的国籍。德维尔来到法国本土进修医学专业，1843 年获得博士学位。随后拜在大化学家雅克·泰纳尔（以他的名字命名的知名的蓝色染料的发明者，过氧化氢和硼的发现者）门下，在其阁楼中进行实验。德维尔在研究松脂和妥鲁香胶时，发现了甲苯的存在。1845 年，德维尔 27 岁，担任新的贝藏松学院的教授，随后晋升为院长。在成功分离出硝酸酐后，他的声名更是远播世界。

巴黎高师的讲师

33 岁时，他和巴拉尔接连受聘，来到巴黎高等师范学院担任讲师。2 年后，他被任命为索邦大学教授。德维尔在铂类金属方面作过大量研究工作，还总结了相应的分析方法和提取技术。除了上文提及的铝金属方面，德维尔还花费了大量时间探索稳定物质的平衡、逆向转化和分离等化学现象。1861 年，他入选法国科学院院士。1868 年，他出版了《化学课》一书，后来成为教学时参考的教案。

对于铝的研究

1851 年起，德维尔投入对铝的研究，他相继分析过硅、镁乃至铝的属性。而在铝金属方面，弗雷德里希·韦勒先前已提取出若干片状体。德维尔想要在提取过程中，由钠替代钾，从而减少氧化铝的产生。在这一设想指导下，他成功提取出了第一批铝块。1854 年，他将自己的研究成果上呈法国科学院。但是德维尔真正感兴趣的地方在于，铝具备优异的电导性能，他预感到这种金属可以大量工业化生产。

第一次工业化生产

在拿破仑三世的资金支持下，1854 年，德维尔在雅维尔地区一间工厂里进行了铝金属的第一次工业化生产。1855 年的世博会上，他展示了第一批提取出来的铝块。1856 年，德维尔的工厂扩大规模，先是搬迁到格拉西耶地区，其次是南泰尔地区。但是，铝的年产量还是非常少的：1859 年的产量只有区区半吨，且主要还是用于打造珠宝饰品。

他把目光瞄向铝土矿

德维尔凭借天才的直觉，想到可以先由铝土矿生产出矾土（铝在自然状态下形成的氧化铝），接着用矾土提取出铝金属，这便是著名的德维尔铝金属提取法。他还将所需的周边产品即钠和冰晶石投入工业化生产。采用这种生产方法，成本大幅降低，仅为先前的1%。然而，自1886 年起，法国人保罗·希鲁特采用电解的方法也提取到了铝，德维尔的方法由此被淘汰。

艾蒂安·勒努瓦与内燃机

艾蒂安·勒努瓦（Étienne Lenoir），虽然是自学成才，却极具发明天赋，燃气发动机便出自他手，更是为多个领域提供了多项发明，如电镀法、通电刹车、铁路信号装置等。1860 年时，他便创造了 4 马力的燃气发动机！1863 年，他设计的汽车能够连续行驶 18 千米。1870—1871 年滞留巴黎期间，他更是为部队发明了电报机。

国籍从卢森堡变为比利时

1822年，勒努瓦出生于卢森堡大公国的穆西－拉维尔地区。1839年，比利时刚刚独立不久，他的家乡被纳入其版图，勒努瓦顺理成章获得了比利时国籍。但是，他待在这个境况惨淡的国家里没什么出路，还不如离开。于是在16岁时，勒努瓦离开家乡，徒步前往巴黎。他在农场里找了份工作，满足温饱所需。在身份认同上，他自认为是个法国人了，且此后再也没有离开过这个新的"祖国"。

1838—1855年间

勒努瓦在金鹰旅馆当过伙计，晚上自学技术。随后，他来到搪瓷厂当工人，凭借着惊人的实践天赋，他找到一种无须氧化物便能给钟表的刻度盘上白釉的方法。经过9年时间的不断完善，他终于在1847年给这项技能申请了专利。这是他人生中的首次发明，但是其发明创造之行才刚刚起步。随后，他又掌握了电解技术，给金属镀上银、铬、铜都不在话下。而对于千锤百炼后形成的金银器，他有新的处理方法：电镀法。1851年，克里斯托夫勒买下了这一技术并建议勒努瓦申请专利，申请成功后自然是获得了一笔不薄的收入。他听说居诺设计了一款板车，便到工坊一探究竟，看到这台机器居然能够自行移动，他对此产生了兴趣。到了19世纪50年代，勒努瓦有幸结识机械领域的天才——博·德·罗沙，此人便是内燃机四冲程循环理论的提出者。

发明时代

自1855年起，勒努瓦的发明多涉及铁路方面，如通电刹车、电信号系统、列车前行的控制装置等。作为一个灵感多且高产的发明者，他还设计了和面机、水表、玻璃镀锡系统、发电机调节器等。1859年，勒努瓦－高蒂艾发动机制造公司在巴黎成立，终于美梦成真！

第一个内燃机专利

1860 年，勒努瓦生产了一款内燃机（燃烧煤气引发空气膨胀），并为它申请了专利，为期 15 年，编号为 43624。这在当时着实掀起了一场革命，因为蒸汽机庞大、沉重、耗油，人们正在寻找一种更为经济、易操作（尤其是启动与熄火两个阶段），自动化的机器。1 月 23 日，勒努瓦的 4 马力内燃机便横空出世，在有需求的小型企业间广受欢迎、大获成功。5 月，第一台内燃机在罗赛雷街的车间里伴随着轰鸣声运作起来。其后，在 19 世纪 60 年代，销路极好，屡产屡空。

运作原理

勒努瓦的发明并非完全原创，也有参考过前人的成果。让 - 皮埃尔·蒙霍尼瓦尔在纪念发动机诞生 125 周年的文章《艾蒂安·勒努瓦与继承来的发动机》中写道，勒努瓦研究过蒸汽机的运作机制，借用了路姆考夫发明的线圈，瓷壳火花塞倒是自己的设计，柱塞借用了斯特里特的版本，直接点火、双重燃力的运作方式与勒庞有异曲同工之处，也采用了里瓦兹的电火花点燃方式。勒努瓦带来的主要改变是直接点火、双重燃力、两次冲程，无须预先启动压力泵的设计。现如今，在巴黎国立工艺博物馆兼学校，可以看到勒努瓦发动机最初的版本。这台展出的机器包括两对铜制气阀，气阀中混有空气和煤气，由线圈放射的火花燃爆，带动柱塞的运动和飞轮的转动。接收阀内引爆气体，排气阀则将气体排出。两对柱塞交替运作，一对停下，另一对接力（由相应的另一组气阀带动）。

勒努瓦的期待

起初，勒努瓦想要给内燃机配上轻汽油或者汽油的汽化器。实际上，撤掉锅炉的汽车更为轻便、耗油更少。这固然是无可否认的优势所在，某些缺点也随之产生了。另外，空气与煤气的比例也可能限制发动机的功率。这样的话，还不如使用蒸汽——4年后，勒努瓦设计的发动机，只剩150台还在使用。

勒努瓦的兴趣转向了航海：他给一条船装上了以石油为燃料的二冲程发动机。随后，应《世界画报》的老板——达洛兹的要求，给一条12米长的船只安上一台6马力发动机。

在此期间，他的朋友博·德·罗沙造出了一款1.5马力的发动机，勒努瓦将之改造成四个冲程，安装到一辆车上。1863年，这辆车用时3个小时，从距离巴黎18千米的茹安维尔勒蓬顺利抵达首都。

忙碌的晚年

自1870年起，勒努瓦的创造力发挥到了更多地方。驻留巴黎期间，他修好了一台电报机，还重拾旧业——给玻璃镀锡，随后采用臭氧（又称超氧）来进行鞣革。相比从前的一到两年，此后只需要三天便能获得一张完美的皮革。

1881年，勒努瓦收到一封电报通知：法国政府为了嘉奖他在1870—1871年驻留巴黎期间做出的贡献，正式授予他法国国籍。

1883年，他为四冲程发动机申请了专利，并交由鲁阿尔制造。1900年，勒努瓦辞世。这个涉猎甚广的发明者为75件发明申请了专利，它们分属于不同领域，但是汽车无疑是他最感兴趣的一类，远甚其他。显然，对于内燃机的制造过程，他是贡献最多的人之一。

乔治·勒克朗谢与干电池

乔治·勒克朗谢（Georges Leclanché）在政治方面反对帝制，不得不逃离法国。后来回国接受高等教育，成为工程师，在 1867 年的世博会上展示了自己发明的含锰干电池。而后，他开办工厂，成为法国国家铁路公司和电话公司的独家供应商，着实大赚了一笔，直到旺达出现后，局面又发生了变化。

动荡的童年

乔治·勒克朗谢，1839 年出生于亚当岛附近的巴门地区，家人都是共和体制的拥护者。在 1848 年 6 月对革命党人的镇压中，他的父亲被逮捕，母亲受虐待。这一家人和他们的朋友勒德鲁·罗兰、维克多·雨果一样，坚决反对路易·拿破仑的专制统治，未果，只好逃往英格兰。1856 年，勒克朗谢返回法国，在巴黎中央理工学院读书，毕业后成为一名工程师，进入东部铁路公司工作，设计了一套按时传输电力的系统，可谓表现卓越。缺憾的是，当时使用的电池，质量并不可靠。

碳酸铜电池和锰电池

于是，勒克朗谢在实验室里做起了研究，他想要制造出一种碳酸铜电池。然而，帝国政府却不希望他继续在法国逗留。勒克朗谢只好离开巴黎，投奔当时住在比利时的维克多·雨果一家。很快，他在当地建立了一件小型实验室，并成功制造出了碳酸铜电池。1866 年，他为自己的发明成果申请了专利。

很快，他又制造出了第二种电池：锰电池。在 1867 年的巴黎世博会上，这个新发明拿到了头等奖。比利时电报局与荷兰铁路公司都采用了他的电池。但是，勒克朗谢并不沾沾自喜，他尝试着改良这款锰电池，减少电池中多余的柏油成分（充当黏合剂）。

第二帝国倒台时，他拥有一个小型生产厂——穆尔伦 - 勒克朗谢作坊，雇用了 5 个工人。

勒克朗谢－巴比埃电池

随后，他回到法国，又开了一个实验室，接着是一个作坊，交托给了巴比埃来打理。1878年，勒克朗谢与巴比埃合作推出一款装在带孔小壳中的电池。作为法国铁路公司和电话公司的独家供应商，他们的公司很快壮大起来。1882年，勒克朗谢身体不适，没多久因病逝世。

其子莫里斯继承衣钵

勒克朗谢死后，他的儿子莫里斯，制药学专业出身的化学博士，在电池正电极的一侧用带孔布料代替带孔小壳进行包裹。电池的正电极是由煤炭渣和二氧化锰组成，外部由质地为黄麻纤维的布料密封处理。这款电池找到了新的应用领域即汽车行业（用于点燃火花塞），但是勒克朗谢的公司也遇上了新对手——旺达。乔治·勒克朗谢的兄弟也辞世后，这个家族唯一在世的人只有莫里斯了。他在1923年接手了这家公司，勒克朗谢研发机构也更名为布朗池－莫里斯研发机构。

多年之后，公司最终被富尔曼收购，并入了电力总公司下属的集团。

从夏尔·克洛斯到艾米尔·雷诺、艾蒂安－朱尔·马雷
——摄影与电影技术的改进

早在爱迪生之前，诗人夏尔·克洛斯便发明了第一台可以实现声音再现的仪器即留声机，还首次提出了彩色摄影的三基色工艺。在电影艺术的发展浪潮中，艾米尔·雷诺的实用镜和马雷的照相枪分别起到推动性作用。

夏尔·克洛斯：从彩色摄影到老式电话机

夏尔·克洛斯（Charles Cros），一个有着浓密头发、忧郁气质、卓越

才华的男人，1842 年出生于奥德省，既是发明家也是诗人。

给聋哑人士上了一段时间的课之后，他投入研究之中。1869 年，时值第二帝国末期，他向法国摄影公司展现了彩色摄影技术，这便是三基色工艺的首次亮相。

1877 年，夏尔·克洛斯设计出一种可以再现声音的仪器，并命名为"古声机"（paléophone），这给他再次带来巨大声誉。他向法国科学院提交了自己的论文，其中介绍道：在颤动的薄膜上附着一支笔，由它在金属上雕刻声音振动的波纹。当小针划过金属表面留下的条痕，声音便得以恢复。当然，后来爱迪生发明的留声机（phonographe）要更胜一筹。

艾米尔·雷诺与实用镜

伟大的电影业先驱——艾米尔·雷诺（Emile Reynaud），因发明了实用镜而流芳后世。1844 年，雷诺出生于蒙特勒伊，分别跟随父亲和母亲学习机械与绘画。很快，他来到著名的肖像画画家亚当·所罗门家中，负责摄像修改的工作。随后，他自立门户，并开设了摄影技术课程，因为用上了穆瓦尼奥神父发明的光线投射技术，课程的重心转移到了画面而非内容。1876 年，雷诺发明了实用镜，这是一种镶嵌了反射镜的圆柱体，会绕着一根轴线旋转，循环投射出动画的画面。雷诺定居巴黎后，生产并销售他的实用镜，其间也不断进行改良。他为孩子们专门设计了一个有画面，且为了营造戏剧感，添上了固定的背景，随后制成连环漫画的形式。最终，雷诺用光学影戏机成功为观众投影出一部无声电影，后来则是改进为配上声音的由若干图像组成的真正的电影。1892 年起，他在格雷万博物馆的放映大获成功，一直延续到 1900 年。1918 年时，他以自杀的方式离开了人世。

艾蒂安－朱尔·马雷与连续摄影

艾蒂安－朱尔·马雷（Etienne-Jules Marey），1830 年出生于布尔吉

尼翁，在巴黎完成医学学业后，对拍摄生物产生了兴趣。他努力研究动物与人的活动，还发明了一台空气传感器，尤其是心跳感应仪器（如血压记录器、心动记录器等）。

然后，他发明了照相枪，可以将人类的运动过程划分或者切割成 12 次进行曝光。他还用溴化明胶玻璃底片创造了历时摄影。后来玻璃胶片换成了赛璐珞材质，这一改进加快了电影的成型。他在按快门的间隙里配上同期录音，进一步推动电影的完善。

从加布里埃尔·李普曼到卢米埃尔兄弟——从彩色摄影到电影

1891 年，加布里埃尔·李普曼（Gabriel Lippmann）发明了确定所有色彩等级的彩色照相系统。随后，卢米埃尔兄弟（frères Lumière）发明了电影放映机，其首次正式放映于 1895 年。

加布里埃尔·李普曼与 1908 年诺贝尔物理学奖

加布里埃尔·乔纳斯·李普曼，1845 年出生于卢森堡，1868 年进入法国高等师范学院。他是个只愿意对自己感兴趣的事物投注精力的人，所以没能通过教师会考。他选择前往德国，与当时最优秀的科学家共事。返回法国后，李普曼写了一篇论文《电流及毛细现象间的关系》。

随后，他的职业生涯迎来了快速晋升：先是索邦大学理学院的讲师，接着是数学与物理学教授；最后，1886 年即 41 岁时，当选为法国科学院院士。

李普曼是彩色摄影的先驱。前文有提及夏尔·克洛斯在这一领域的杰出成就，但是他的发明也是以三原色法为基础，具体而言即有三种颜色足以通过组合产生所有颜色。众所周知，这三色分别是红、黄、蓝。李普曼自 1886 年开始研究三原色，1891 年出版了所有研究成果。

他发明的一种彩色摄影系统能够锁定光谱（反映物体的所有波长）上所有颜色。基于光的干涉纹现象，给玻璃底片抹上由溴化钾和硝酸银制成的乳化剂，再用仪器锁定底片呈现的所有色级。当然，这个过程需要很长时间的曝光，但是当时找不到更有效的方法了。李普曼的发明与卢米埃尔兄弟的彩色照相技术无甚关联，后者靠的是颜料，因此受到质疑。

1908年，为了表彰他杰出的发明，李普曼被授予诺贝尔物理学奖。

卢米埃尔兄弟（奥古斯特和路易）发明了电影放映机

卢米埃尔兄弟的父亲是摄影师，马蒂尼埃学校的化学实验室又归属其名下，年轻的卢米埃尔兄弟俩，志向一致，彼此都清楚这点。他们曾经立下誓言，此生都要齐头并进（未来的确如此），因此工作起来就兢兢业业。他们投入摄影干胶片的生产当中，即那种著名的"蓝标签"。兄弟俩的工厂建在里昂的普蒙拉斯尔街区，生产速拍胶片后，发展得更好了。开设照相制版的业务后，他们紧紧追随艾米尔·雷诺和加布里埃尔·李普曼的创意。摄影这行不容易做，因为胶片的曝光会耗费时间，而且成本昂贵。但是，兄弟俩的工厂不断扩建，到1892年时已经雇用了将近190名员工。

1894年至1895年，路易·卢米埃尔制造了一台仪器——电影放映机。它既能拍摄也能投影所拍的内容，还能提高胶片放映出来的画质。但是，重量达到5千克！电影放映机很快取代了当时所有可以再现画面的机器。1895年3月22日，电影（当然是挑选过的，总共才33部片子）在大众面前播放，由全国产业鼓励协会（巴黎市雷恩街42号）负责放映。在卢米埃尔兄弟生活的城市里昂，举办过几次放映活动，后来在首都巴黎和布鲁塞尔加办过。首次公开放映是在1895年的12月28日，地点选在了巴黎的卡普西纳大道14号即大咖啡馆（印度厅）。当时放映的影片随后都成了标志性存在：《走出卢米埃尔工厂》《被浇到的洒水工人》《火车驶入西奥塔车站》等。

次年，首批电影厅在巴黎和外省开办了起来。影片的主题依旧充满纯真，再现了一些私人性质的日常场景，如婴儿进食、街上的舞者、孩童转圈、下双六棋、孩童间拌嘴、打牌、园丁焚烧杂草等。

电影放映机诞生后，卢米埃尔兄弟于 1903 年又为彩色摄影技术申请了专利。为了获取彩色照片，照相机需配上支架，一旦开拍，需要在玻璃板上每平方毫米平铺 3 000 粒马铃薯淀粉（而后来这一数字又翻了 3 倍）。

卢米埃尔兄弟的事业在蒙普拉斯尔和弗尔赞办得风生水起，随后拓展到国外。

发家致富了的这兄弟俩——路易和奥古斯特，活到耄耋之年，分别于 1948 年和 1954 年，寿终正寝。

希莱尔 - 贝尔尼戈德·夏尔多内和戴斯皮西斯——从人造丝到人造纤维

面对蚕丝的生产危机，夏尔多内灵光一现，利用纤维素——家蚕正是以这种纤维素为食——来制造一种化学纤维织物。人造丝就此诞生。戴斯皮西斯则发现了另一种纤维——人造纤维……从此，这些所谓的人造纺织原料成为天然纺织原料不可小觑的竞争对手……

政界翘楚

路易-玛丽·希莱尔·贝尔尼戈·夏尔多内伯爵（Louis-Marie Hilaire Bernigaud De Chardonnet）是贝藏松 [①] 人，1839 年出生于现在的布鲁雄酒店（hôtel Bruchon）。这位保皇党未能坚定地拥护第二帝国。他轻松进入巴黎综合工科学校，1859 年成为未来的共和国总统萨迪·卡诺（Sadi Carnot）的同窗后，由于不愿效力于拿破仑三世，两年后便离开学校。在成为桥梁公路工程局的工程师后，他追随在奥地利的法国王位继承人——尚波尔伯爵。后来，他与同阶层的女子玛丽 - 安托瓦内特·卡米

[①] 法国东部城市。——译者注

耶·德·罗茨 – 孟莎尔成婚。

当尚波尔伯爵拒绝承认三色旗，并随后于 1883 年去世时，麦克马洪元帅和布罗格利公爵曾为其策划了一次真正意义上的君主复辟，然而夏尔多内伯爵则决心效力于第三共和国。

科学家

唯有科学能够让他忘却破碎的梦想。因此，他在贝藏松建立了一个大型实验室。他的研究对象非常广泛，从电话、汽车一直到摄影。

一次偶然事件成就了夏尔多内：缫丝行业遭遇大难，损失惨重。微粒子病导致大批家蚕死亡。最终，巴斯德发现了病原体和根除方法。然而，跟随巴斯德工作的夏尔多内却想到另一个主意：试着用化学方法仿制蚕丝。

人造丝的发明

1884 年，夏尔多内获得了用纤维素（也就是说木材）和火棉胶（即硝化棉）制造人造丝的专利。当然，那时人造丝的品质还无法完全与自然丝相媲美：丝线的色泽不够亮，而且更易断，也更粗。

夏尔多内的出发点想法很简单：既然家蚕以桑叶为食，何不从家蚕食用的桑叶中直接提取出蚕丝化学合成物——借助硝酸和硫酸便可完成。然后，夏尔多内把这种材料拉成丝。诚然，刚研制出来的人造纤维被发现极易燃，由此还得到了"后母丝"[1]的称谓。因为在那个年代，燃烧蜡烛仍是主要的家用照明方式。出于这一原因，自 1889 年起，夏尔多内努力改良人造丝，以纤维素和烧碱为基质合成了黏胶纤维。

---

[1] 当时的丝织厂业主嘲笑夏尔多内的丝织品由于极易燃，可以做成衣服送给岳母（及继母），因为很方便烧死她们。——译者注

人造丝织品的发展

希莱尔·德·夏尔多内明白自己这项发明的重要性：他在上索恩 – 沙隆市附近的格吉镇开设了首个试验作坊——父亲在这里为他遗留下一座别墅，作坊就在里面。很快，他便在贝藏松建了几家厂房，并将这种人造丝投入工业化生产。被蚕丝危机所波及的里昂，丝织从业人员四散在乡村地区，此时不得不放弃从日本和中国进口天然蚕丝。1904 年，夏尔多内甚至在匈牙利开设了一个生产点：产业迁移此时便已经存在！

褒奖时刻

1884 年，夏尔多内入选贝藏松科学院院士。之后，1919 年又进入法兰西学士院。然而直到 1924 年，他以享年 85 岁高龄逝世，依然并不富裕。

路易 – 亨利·戴斯皮西斯的发现

继夏尔多内之后，戴斯皮西斯发明了另一种人工制造纤维——铜氨纤维（或人造纤维）。他的发明是基于 1857 年以来瑞士化学家马蒂亚斯·爱德华·施韦策的研究成果。该成果是将棉短绒放在铜盐的浓氨溶液中溶解。1890 年，戴斯皮西斯把施韦策溶液中取出来的纤维素放在硫酸稀释液中浸泡，以稀释其中的氨。

然而 1892 年，戴斯皮西斯的逝世使得这项发明在科学史中被彻底遗忘……

阿方斯·拉韦朗——疟疾虫的发现者

作为驻扎在阿尔及利亚的一名军医，阿方斯·拉韦朗（Alphonse Laveran）成为全球最先开展寄生虫学研究的先驱者之一。正是他找到了疟疾的致病因素，确定疟疾的媒介是一种名为"按蚊"的蚊子。凭借这一敏锐的洞察力，他被授予 1907 年诺贝尔生理学或医学奖。

非洲病——疟疾

自从查理十世开始探索阿尔及利亚以来，法国不仅向那里派遣了本国的士兵、移民和公职人员，而且也带去了医生和工程师。诚然，当地起义从未间断，但各地依然建立了学校，修通了道路，开设了诊所……当地的各个民族均被疟疾侵扰，甚至法国人也不例外。在非洲，疟疾在各种族土著居民中肆意泛滥。这种疾病被发现已久，病源一直被归咎为沼泽地的瘴气。然而又无人能够找到其传播媒介，就连著名的解剖学家约翰·弗里德里希·梅克尔（1781—1833）、鲁道夫·菲尔绍（德国医学家，曾创立细胞病理学，作为政治家，他的名号常常与"文化抗争"运动联系在一起）和弗里德里希·西奥多·冯·弗里希也没有找到。但是他们注意到患者血液（红血球）中或许存在某些微生物。

辉煌的医学生涯

拉韦朗生于 1845 年，是瓦尔德格雷斯军医学院教授兼校长路易·拉韦朗之子，在阿尔及利亚度过童年之后，接着去法国完成中学学业。先是大路易中学之后，接着又毕业于斯塔拉斯堡军事卫生学院，随后在阿尔萨斯首府公立医院任职。1867 年，他关于神经再生问题的医学博士论文得以通过。1870 年，他在野战医院服役，在住院部任军医助理之后，他被聘为军队疾病和流行病治疗中心的教授，并发表了与此相关的研究作品。1878 年，他被调任到阿尔及利亚的博纳军队医院。在此，他潜心钻研疟疾，随后又去了比斯科拉。正是在比斯科拉，他与约瑟夫·泰西耶合作发表了一部获得巨大成功的作品——《临床内科和病理学的新元素》。

最终，拉韦朗发现寄生原虫

虽然只是一个在君士坦丁军队医院工作的法国二等军医，但拉韦朗即将在整个寄生虫学史上掀起一场革命。他得到著名组织学医生路易·安托万·兰维尔（Louis-Antoine Ranvier，1835—1922）悉心栽培。兰维尔的名字被用来给好几种细胞结构命名。拉韦朗继续他的研究，尤其是致病性原虫。1880 年11 月，他发现了疟疾的主要致病因素。尽管他当时年仅 35 岁，但这还不是他第一次精彩亮相。1875 年，他就已经发表了一部惊世之作：《论军队的疾病与流行病》。此外，他十分确信，一种名为血原虫的寄生虫乃是疟疾的元凶。他先在一本名为《疟热疗法医疗事故中寄生虫的性质》的小册子中肯定了这一结论，后又在一部发表于 1884 年的作品——《论疟疾》中论述了这一点。为此，他前往意大利验证这一想法，并在庞汀斯沼泽地一带研究疟疾患者。

1907 年获诺贝尔奖

自 1884 年起，成为圣宠谷军医院的军医教授后，他在那里创办了卫生博物馆。随后，他入选法国国家医学科学院院士。1896 年，最终由于无法继续从事研究工作，他从军队辞职。为人无比谦逊低调的他成为巴斯德研究院的义务研究员。他与费利克斯·梅斯尼尔共用一个小实验室，随后于1898 年发表《论疟疾》一书。

英国医学家罗纳德·罗斯由于巩固了拉韦朗的研究成果，并于 1897 年指出疟疾传播的罪魁祸首是一种蚊虫，获得了 1902 年的诺贝尔奖。但是没有人会忘记这一发现的先驱者是拉韦朗。他在科西嘉阿莱里亚平原和卡马格游历一番后，于 1903 年全面总结了自己的研究成果，发表了《按蚊和疟疾》一书。寄生原虫是通过一种名为按蚊的蚊子进行传播的。被这种蚊子叮咬过后，疟原虫，一种孢子纲寄生虫，便会畅通无阻地进入受害者的血液中。

1904 年，拉韦朗与费利克斯·梅斯尼尔一起发表了《锥体虫和锥虫病》一书。1906 年，他参加了刚果布拉柴维尔的抗击昏睡病峰会。

1907 年，他获得了诺贝尔生理学或医学奖。他将一部分奖金用于翻修巴斯德研究所的热带疾病实验室。1908 年，他与埃米尔·马尔库克斯一道成立外来病理学会，并担任会长一职。

1922 年，他逝世于巴黎。

艾米尔·博多与博多电码

艾米尔·博多（Emile Baudot）是个罕见的奇才，与艾迪安·勒诺瓦[①]一样，凭借坚定的意志自学成才。他发明了二元码，并以自己的名字为之命名。这种电码应用于电报通信，同时，这项发明创举采用电机收发系统代替了人工操作。为了褒奖他，发报传输率单位也冠上了他名字。

自学成才

1845 年，艾米尔·博多出生在上马恩省马盖努镇。他出身贫寒，幼年和少年时期均在自家的农场中度过。1869 年，他到了省城肖蒙市的电报局当职员。很快，他对这份工作中技术层面的知识产生了浓厚兴趣。由于缺乏基础知识，他决定北上巴黎学习休斯电报（一种电报打印机，由美国人休斯于 1854 年发明，并以他的名字命名）。为了掌握这种电机运作原理，他刻苦学习所需的电学和机械知识。很快，他便引起了大家的注意。1870年，他发明了一种二元码——博多电码，成为摩斯电码（早在 1844 年问世，是一种用短点和长划来表示字母表中字符的电码）的竞争对手。博多电码用 5 种基础信号获得 31 种组合。

在这之后，他积极响应号召，英勇参加了 1870 年战争，并在战场上获得中尉军衔。

———————————

① 法国、比利时工程师，对电报做了改良并发明了内燃机。——译者注

首个专利

1874 年，在回归普通民众生活后，他获得电传打字机专利。这种打字机使信息流量，也就是线上信息传播量倍增。它的原理非常简单：收发电机系统代替人工操作。这样自然会用到能够同时进行四次线上传输的博多电码，博多电报机应运而生。

从 1877 年开始，这一系统在巴黎和波尔多之间进行了测试。

低谷时期

诚然，博多在 1878 年万国博览会上，获得了金奖。然而随后的 1879 年，塞纳河民事法院在某种程度上取消了他于 1874 年获得的专利，认为他的专利不过是简单的改进而已。博多电码的专利使用权随后授予了普瓦提埃电报局一位名叫米莫的职员。因此，博多为撤销一审判决不断奔走抗争。1882 年，巴黎上诉法院撤销了一审判决，将其发还给亚眠诉讼法院重审，该院随后确认撤销原判。但是直到 1885 年，时称最高诉讼法院的判决才让博多最终赢回自己所有的权利。

辉煌时期

1880 年，艾米尔·博多晋升为检查员。1882 年，又晋升为工程督察员。他继续改良自己的发明创造：1887 年发明双向传输（一种用于代替发送器和接收器的记录仪），1890 年发明单线传输，1894 年发明中继器。作为最高荣誉，人们用他的名字 BAUDOT 的前四个字母——baud——为发报传输率单位命名。

1882—1903，20 年跨国生活

博多终生工作勤勉，孜孜不倦。他为整个欧洲安上了电报和电报线，将巴黎与其他欧洲国家首都连通，甚至 1894 年还连接到了阿尔及利亚。众所周知，法国自 1865 年与美国连通，正是那一年第一条横跨大西洋的电缆也成功铺设。此外，意大利、荷兰和西班牙也采用了博多的电报系统。1887 年 12 月 3 日还有一件趣事：巴黎至罗马新线路上首次电报传播的消息是萨迪·卡诺（Sadi Carnot）当选法兰西共和国总统。

1903 年，博多因久病不愈逝世。

保罗·维埃利和无烟火药

保罗·维埃利（Paul Vieille）是一位非常杰出的化学家。他发明的无烟火药使得法国军队在战场上与别国完全区别开来。而 30 年之后的第一次世界大战中，黑火药还依然在被使用……借助于爆炸激波管，维埃利成功分析了燃爆波传播现象，这对于如何掌控发射体和爆炸物的运动轨迹是不可或缺的。

保罗·维埃利出生于 1854 年，是一位高水平的化学家。1884 年至 1886 年，他发明了无烟火药。自 1902 年起，他在巴黎综合理工学院代替艾尔弗雷德·科尔努留下的空缺职位，担任物理教授。1934 年，保罗·维埃利逝世，终年 80 岁。

无烟火药

手枪、步枪和大炮会释放出大量烟雾，使战场上的士兵视线受阻。地面上的军官也很难判断战斗的发展走向。因此军队参谋部十分关注，希望能拥有一种不释放或仅释放少量烟雾的火药。保罗·维埃利发明的 B 型火药，即无烟火药，是一种混合了酒精和乙醚的凝胶状硝化纤维。众所周知，硝化纤维是一种在干燥状态下极易爆炸的物质，爆炸时会释放气体和热量。然而，在酒精和乙醚的混合溶液中，硝化纤维可以呈凝胶状。确切而言，这正是保罗·维埃利成功的关键之处。

立即投入使用

很快，无烟火药便在法国军队中得到广泛运用，来代替黑火药，紧随其后欧洲其他国家也开始使用。在两军交火时，炮筒里不再冒出烟雾，与此同时，无烟火药还提高了大炮的性能，精准射程超过 900 米。

爆炸激波管

保罗·维埃利的核心工作都是在火药中心实验室进行的，正是在那里他发明了激波管。他致力于研究弹药爆炸时的震动传播速度，通过在圆筒形弹管的内壁安置传感器，记录下爆炸的全部过程。火药会产生一种向充满空气的炮管区室运动的冲击波。通过这一装置，人们也可以研究惰性环境下的震动传播现象，如惰性气体条件下的传播。

这项工作获得的成果对于爆炸技术研究十分有用，而对超声空气动力学领域的研究显然用处更大。由此，测量压力的变化、计算发射体或火箭的飞行速度也成为可能……

因此，保罗·维埃利的发明至关重要，且被广泛应用。事实上，对爆炸波进行的研究，使得无论是在军方，还是在公共工程和矿产工程等活动中，都能够更为高效地使用爆炸物和发射物。

路易·巴斯德——微生物学的开创者

路易·巴斯德（Louis Pasteur）是全人类的恩人，以其毕生精力都投入了工作中。由于得到拿破仑三世的赏识，他在巴黎高等师范学院担任了校长一职。他发现了发酵的原理——与之相对应还同时创造了巴氏杀菌法，揭开了微生物和杀菌法的面纱，最后还为漫长的疫苗研究之路开辟了方向。

最终，他还创办了巴斯德研究所，成功研制出血清、疫苗和过敏原。

优异的学业

1882 年年底，小路易·巴斯德在多勒呱呱坠地，降生于一个制革世家，是个十分健康的婴儿。自 1827 年起，巴斯德一家迁居到巴斯德夫人出生的小镇马尔莫兹，随后又迁往阿尔布瓦。此时年轻的巴斯德可以静静地凝视着这里众多的葡萄园——它们后来为这座小城市赢得了巨大声誉。

尽管巴斯德在绘画方面天赋异禀，但是他却决心投身于科学研究。在顺利通过数学专业中学毕业会考之后，他进入巴黎高等师范学院就读，并于 1843 年毕业，时年 21 岁。1846 年，巴斯德通过了教师选拔考试，次年，他又取得了物理学博士学位。巴斯德得到科学家安托万·杰罗姆·巴莱（1826 年发现了溴）的器重；著名物理学家让 - 巴普蒂斯特·比奥也对他大加赞赏，因为他论证出酒石酸分子呈不对称性——这一至关重要的结论有助于对物质分子中的原子所处的位置进行科学性的分析。

教师

巴斯德后来到了斯特拉斯堡，被聘任为化学副教授。正是在此，他迎娶了大学学区长的女儿玛丽·洛朗。1852 年，他将酒石酸转化为外消旋酒石酸（来源于拉丁语 racemus，意为葡萄串），由此获得了荣誉勋位勋章。

新的研究方向

渐渐地，巴斯德将研究转向分子的不对称性与发酵（或腐化）之间的关联。

1854 年对于这位大人物而言意义非凡，因为这一年他被聘任为里昂学院的院长兼教授，一家 5 口人（夫妻 2 人加 3 个孩子）得以在此团聚。选他课的学生超过 250 人，声誉也因此越来越好。帝国政府专门为他安排了一间实验室。巴斯德有着无比开放进取的精神，希望学生与当地的工厂主密切交流。远超所有同事，他是一位应用科学的理论家。正因如此，他的学生们能够在工业生产过程中实践科学理论……同样也正因如此，令人毫不意外的一件事发生了：1856年，一位甜菜加工厂厂主在酒精发酵过程中遭受了巨大损失，通过他的儿子（巴斯德的学生）求助于巴斯德。

巴黎高师科学研究院院长

当时，拿破仑三世正欲任命巴斯德为巴黎高等师范学院（即巴黎高师，位于乌尔姆街道上）行政管理兼科学研究的主任。当时巴黎高师的影响力有所下降，皇帝希望巴斯德能够重振巴黎高师的声望。在实验室里，这位大科学家决心攻克酒精发酵的难关。除此之外，他还需要驳斥当时盛行的自然发生论。

在处理工厂主委托的工作时，他发现谷酒和甜菜酒在酿制时会因发酵而变质，后来又将研究拓展到奶制品。然后，他发现了一种名为酵素的有机物是发酵的源头，酵素有好氧酵素（其生长有赖于氧气）和厌氧酵素（在有氧状态下会死亡）之分。这是一次真正的科学革命！由此可见，生命并非从腐化开始，恰恰相反，腐化意味着生命的尽头！只有进行消菌和杀毒才可以避免腐化。因此，在工业中为了防止变质，通过确保两种酵素中只有一种酵母是活性的，并通过保护培养基来控制发酵条件就足够了。

巴斯德灭菌法值得所有荣耀

1862年，巴斯德入选法国科学院。1865年，他在杜勒里花园受到皇帝的接见（几个月后，再次在贡比涅受到皇帝接见）。很显然，北方的啤酒、葡萄酒、醋（葡萄酒醋）等行业无一不受益于巴斯德的发现。在自己珍爱的阿尔布瓦葡萄园中，他还注意到一种外来微生物会导致汝拉山区的葡萄酒变质，而高温可以杀死这种微生物（将温度增至55℃，很快便可消灭这种微生物）。这便是巴斯德灭菌法。至于啤酒行业，19 世纪 70 年代在南锡市图泰尔兄弟的啤酒厂中率先采用了这种灭菌法。

拯救桑蚕

法国南部蚕病泛滥成灾了：19 世纪 40 年代，该地区蚕茧产量原本每年高达 2 000 万吨，如今却几乎颗粒无收。巴斯德的老师，出生于受灾最严重的阿莱斯的让 - 蒂斯特·杜马斯，向巴斯德发起了求助。巴斯德根本无法拒绝这位成功发现了蒽（一种碳氧化合物）和甲醇的传奇科学家。然而正当他专注解决这一问题时，却第三次失去了一个孩子。曾经的 5 个子女（1 个儿子，4 个女儿），仅剩儿子和 1 个女儿存活了下来……悲痛万分的巴斯德，只能靠工作排遣哀思。最终，他于 1867 年发现另一种蚕虫疾病，即软化病，才是导致自己之前屡遭失败的原因。于是他进一步研究，提出了解决此病的方法。

罹患脑溢血

1868 年得了一次脑溢血之后，巴斯德恢复了健康，但是左半边身体留下了轻微的瘫痪症状。拿破仑三世在意大利的里雅斯特附近有一栋别墅，让巴斯德在此调养身体，巴斯德最终接受了他的恩惠。在此期间，他口授妻子写下了一本关于蚕的书。待身体彻底康复后，他于 1869 年 6 月回到法国。普法冲突期间，巴斯德本以为儿子已经命丧于朋塔里埃，然而在一群受伤的士兵中找到了儿子，并最终成功救活了他。由此他对德国痛恨至极，这促使他在 1870 年战争爆发之初便退回了德国颁发给他的科学家荣誉称号。

抗击炭疽病

法国新成立的共和国——第三共和国——与昔日的第一共和国截然不同：是的，它需要科学家。自 1874 年起，巴斯德，这位拯救了蚕丝业、啤酒业和葡萄酒业，发现醋发酵现象的人，获得了国家终生年金。从此，他想拓宽针对低等动植物的应用疗法范围，将之运用到人类和高等家养动物身上。这样就必须找到"杆菌"，这一疾病感染源头，并将其消灭。

当时一场新的灾难——炭疽病席卷了整个国家，牛、羊和马等牲畜遭到毁灭性冲击……染病牲畜的血液都变成了炭黑色，这种可怕的疾病也正是因此而得名。巴斯德赶往博斯，发现这场动物瘟疫是由草和苜蓿传播的——它们感染了染病动物的病菌。于是他建议将健康动物与染病动物分开，并砍掉所有带刺茎的菊科植物，因为它们将染病动物的病菌传播了开来。

发现微生物与消毒法

自 1887 年起，巴斯德便发现了传播人类和动物疾病的媒介——炭疽杆菌、细微生物和微小生物等，他把这些统称为"微生物"。他揭露微生物在医院广泛传播这一事实，尤其是在饱受产褥热之苦的产妇身上……幸好，巴斯德的研究成果得到英国外科医生李斯特的继承和发扬，对方认为消毒法必不可少。巴斯德改进了消毒法并将其运用到手术中。自此，为了减少病菌，外科医生的手不再与患者的创口有任何接触。同时，绷带、缝合线等外科用具和妇产科的奶瓶也都提前进行了消毒。

发明疫苗

在默伦一家农场的鸡身上验证了他的创意之后，1882 年，巴斯德又在羊身上证明了这一点。他让一些羊感染炭疽病毒，几天过后，只有接种过疫苗的羊存活了下来。而且接种过弱化病毒的羊得到了特殊的免疫机制，不再对这种病毒敏感。

战胜狂犬病

给巴斯德带来最伟大荣耀的，是他勇于为人类接种狂犬病疫苗。起初，他对从病死的奶牛大脑中提取出来的狂犬菌株进行观察，尽管狂犬病早已在狗之间传播，但通过将菌株接种到狗体内，最终他成功地抵抗了此病。于是，他决定在人身上进行验证，希望能够在 40 天的狂犬病潜伏期内成功在人体内形成完全免疫。

1885 年 7 月 6 日，巴斯德的时机到了。一个 9 岁的阿尔萨斯男孩名叫约瑟夫·麦斯特，两天前被一条疯狗咬了。他的身上遍布 14 处咬痕，命悬一线。然而巴斯德不敢为他接种。大维尔皮昂（神经系统研究的先驱）鼓励他进行尝试。于是，10 天内，他在小男孩体内共接种了十二剂疫苗。一个月后，小男孩得救了。小麦斯特长大成人后，成为巴斯德研究所的守卫……

10 月，在牧羊人朱皮耶的身上，他再一次进行了疫苗接种尝试，牧羊人也成功渡过了难关。之后，该病在全球范围内都有，巴斯德无私奉献，为所有的病患进行诊治。

建立巴斯德研究所

从 1888 年起，未来的巴斯德研究所步入施工阶段，即将在蒙帕纳斯街区后的杜托街道上落成。同年 11 月 16 号，巴斯德研究所举行落成仪式。巴斯德与他忠贞无二、在病榻前不离不弃的妻子携手来到前场。为了给这位享誉全国的伟人庆祝 70 岁寿辰，共和国向他致以崇高的敬意。在来自法国与世界其他国家和地区的伟大医生、科学家和研究员面前，萨迪·卡尔诺用手臂搀扶着巴斯德，与这位身体羸弱、步履蹒跚的老人一同走进索邦的大阶梯教室。

然而巴斯德的身体每况愈下，也感受到了自身的虚弱无力。1895 年 9 月 27 日，他的身体无法动弹。翌日，他一手攥着一个十字架，一手握着他忠贞无二的妻子，离开了人世。

为了纪念这位伟大的科学家，法国为巴斯德举行了国葬，无数民众跟随着他的灵柩为他送行。为了纪念他，法国各个城市无一不为巴斯德立碑塑像，大街小巷也以他的名字来命名。

巴斯德研究所虽是私人成立的基金会，但自成立之初便被公认为一个公益性机构。它以捐赠和募款的形式资助传染性疾病的抗击工作，并研发了血清、疫苗和过敏原。该研究所至今仍在法国国内和国际上熠熠生辉。

克雷芒·阿德尔与第一架飞机"欧罗斯"号

法国的新伊卡洛斯[①]是一个富有激情的人，一个狂热的发明家。阿德尔最负盛名之处不在于他的财富，而是空军部向他订购了 3 架飞机，虽然这些飞机没能成功起飞。他的第 3 架飞机名为"朔风"，仅飞离地面 300 米。但确信无疑的是，这是首架配置马达的飞机……

无忧无虑的童年

克雷芒·阿德尔（Clément Ader）于 1841 年出生在穆莱的一个木匠家庭。作为独生子的他不愿意继承父业，而是决定去图鲁兹接受高等教育。他在理科和绘画方面都有天赋，通过高中会考后，又获得了工程师学位。他顺理成章地进入了法国南部铁路运营公司。他发明了一种用于铺设铁路的机器，取得了不错的成绩，之后又幸运地制造了三轮自行车。他推出的这两项新发明十分巧妙。随后，他将橡皮条裹在轮胎上，制作了更为轻便的空心车架。不料，1870 年战争使之毁于一旦。

对电话产生浓厚兴趣

阿德尔北上巴黎，显现出十分积极主动的一面，因为他需要养家糊口。

---

① 希腊神话中代达罗斯的儿子，用蜡和羽毛制作翅膀逃离克里特岛，因为飞得太高和离太阳太近，蜡融化后坠海而死。　　译者注

他预知电话行业前途无量，便改良了美国人贝尔的电话系统并出售。很快，他积累了一笔可观的财富，这笔财富也承载了他的一些奇思妙想，如电话歌剧，足不出户便可以在电话里听到歌剧。他在通信这一关键领域取得了诸多成就，因此与政界搭上了关系，后来政界也为他提供了一些帮助。

伊卡洛斯之梦

童年时期，阿德尔有一个飞翔的梦。1870 年战争中，他成功令一个载人的风筝起飞。他花了很长时间研究秃鹫的翅膀，成功了解了鸟类翅膀轮廓的线条。正是这种流线型外形使鸟类的翅膀可以承载空气阻力。他的初步想法较为简单，用一个铺满鹅毛的滑翔机实现飞行。他凭借与陆军部的关系，获得了一笔秘密资金。他要将两个猜想付诸实践：一是机翼不必模仿鸟类翅膀拍动，需固定住；二是蝙蝠翅膀的外形最终似乎比鸟类翅膀更加适宜飞行，也更易调整。

制造 3 架飞机

19 世纪 90 年代，克雷芒·阿德尔先后制造了"欧罗斯"号、"仄费罗斯"号（未完工）和"朔风"号 3 架飞机。

第 1 架飞机于 1890 年 10 月 9 日在富裕的银行家佩雷尔名下的格雷茨·阿曼维利耶斯城堡公园进行试飞。"欧罗斯"号飞机滑行 50 米后飞离地面 20 厘米。第二次飞行在部队中，与第一次并无差别。于是部队又向他订购了第 2 架飞机。

这称得上飞行吗?

"欧罗斯"号飞机安置了一个竹制螺旋桨，以一个重达 300 千克、20 马力的发动机为牵引。显然，因为过重，这架飞机实际上无法起飞。再者，这架飞机方向感和稳定性也十分不足。另外，因为并没有为机翼画任何剖面图，阿德尔显然对重中之重的根本性问题——空气（需要配备一个合适的马达以提供推动力）缺乏科学性的研究。

无论如何，克雷芒·阿德尔还是发明了 Avion（飞机）一词，众所周知这个词来自拉丁语 avis，意为鸟。

"朔风"号飞行

继"欧罗斯"号飞机后，他开始制造第 2 架飞机：采用一个 20 马力的双气缸发动机，极大地减轻了飞机的重量，仅 35 千克。但是这架飞机尚未完工，在此基础上，他进入了下一代飞机的研究。这一次，他采用了双发动机，这种飞机可载观测员和飞行员两人。1897 年 10 月 14 日，在萨特瑞军营，尽管驾驶不当，"朔风"号飞机仍成功飞离地面 300 米。恶劣的天气导致飞机发生意外事故，损坏了机身。这架飞机被修复后，今天还陈列在艺术机器博物馆中，被悬挂在空中。

陆军部已经为此耗费巨资，不愿再继续进行飞行试验。阿德尔别无他法，被迫中断研究。他设法将气缸发动机卖给雷纳上校，其部队正在努力解决汽艇领域发动机的难题。接着，阿德尔将燃油内燃机投入生产。但成功并未如约而至，他试图在机动车制造领域卷土重来，也以失败告终。

在航海领域，他制造的汽艇再次面临失败，于是他不再涉足工业领域。虽说如此，他的公司在地中海铺设了第一根海底电缆。

众所周知，要等到 1905 年莱特兄弟成功试飞"飞行者"3 号和 1909 年布莱里奥在芒什海峡试飞后，航空业才得以突飞猛进地发展。

半退休状态

阿德尔退居到图鲁兹的葡萄庄园中，在好奇心的驱使下，继续试飞"潘哈德"号和"勒瓦索尔"号。1925 年，他与世长辞。

爱德华·布兰利和金属屑检波器

爱德华·布兰利（Edouard Branly）天分极高，他的一生有着多重职业身份：物理学家、医学家和教授等。布兰利发明了一种被命名为金属屑检波器的锉屑检测管，它使管道可以导电，接收到无线电波。随后，他研发了单触金属屑检波器和遥控，为无线电广播事业做出许多贡献。

技术资料

伏打制成了电池，奥斯特发明了电磁铁，安培和阿拉戈研发了电报，随后远程通信发展迅速。摩斯和博多发明的简化电码很快投入使用。随着格雷厄姆·贝尔的发明问世，电话时代到来。无线电报为收音机的问世添上了最后一笔，即马可尼于 1899 年发明著名的无线电报。麦克斯韦和赫兹证明两个铜球之间产生的电火花会将其中一个球溅开好几米。这印证了一点：电流振荡是远距离感应。由此，布兰利制成了第一个赫兹波探测器——金属屑检波器，可以用来接收无线电报。

成绩优异

爱德华·布兰利于 1844 年出生在亚眠的一个普通家庭。他的父亲原本是小学教员，由于工作勤勉，成了高中教师。1865 年，年轻的爱德华被巴黎高等师范学院录取。在此，他结识了他的老师路易·巴斯德。1868 年，他在布尔日高中执教，担任物理老师，后来成为高级研究实用学院的实验室主任，这所学校当时是索邦大学的附属学校。继在罗曼维尔堡垒参加 1870 年至 1871 年的巴黎保卫战后，他于 1873 年发表了一篇理科博士论文，论题为《论电池间的静电现象》。次年，他被提拔为索邦大学物理实验室的副主任。

在天主教学院继续学医

即使在一个反宗教特权的共和国时期做出这一决定有碍于职业生涯的发展，但这位虔诚的天主教徒还是决定于 1875 年进入天主教学院任教。在此从事教育公共事业几年后，他被授予物理学教授一职，在任至 1927 年。但是，学院缺少经费。自 1877 年起，为了募集各种财政资助，布兰利决心进行医学研究。他深知现代医院的时代已经到来。作为巴斯德的坚定支持者，为了证明微生物是疾病的根源，他不懈努力。但他并未因此中断天主教学院的课程，也没落下其他的课程，晚上还回到医院给患者复查。后来，他在 1882 年成功写就了一篇博士论文，题名为《用光学方法处理血液中血红蛋白含量的贫血症治疗》，同时他还坚持在天主教学院听课。这里有一个小插曲——迎娶玛丽·拉加德暂停了紧凑的课程安排，玛丽·拉加德为他生了 3 个孩子，他和孩子们的关系一直十分紧密。

作为教师和研究员，他发明了金属屑检波器

爱德华·布兰利放弃医学工作，决心专攻教育和研究工作。1890 年，他以装有铁屑的玻璃管取代了火花测微计（用于接收检测到的无线电波），后来这种玻璃管被命名为金属屑检波器。当电磁信号传到管内时，会使铁屑紧密地聚在一起，也就使管道具有了导电性。管道可以接收电波，并将之转化为不连续的电流，同时记录针可以记下摩斯密码的线和点。尽管如此，它的灵敏性还是不足，在接收信号时会断断续续。

自 1896 起，除了其他工作，爱德华·布兰利还继续行医。他每日都精疲力尽，在巴黎 18 区的诊所里接待病人。果不其然，他对神经科疾病有着浓厚的兴趣，且发现它与金属屑检波器的原理有诸多共同点和相似之处，如短暂停顿及功能交替。1902 年，他发明了三脚架光盘，一种单触金属屑检波器可以改良电流触点。1905 年，布兰利萌生了一个想法，在特罗卡德

罗旧广场做了一次无线电遥控力学装置演示，这便是遥控的雏形。

发明单触金属屑检波器和遥控

布兰利最终名声大噪。1900 年，他获得了荣誉勋位勋章（骑士等级），1903 年，与皮埃尔·居里一同获得了欧西里斯奖，进入了法国科学院。1911 年，他在这个全是男性成员的组织中得到的赏识甚至超过玛丽·居里。而一年前，他就已获得全国产业激励协会的阿让特伊大奖。1933 年，他的荣誉勋位勋章升级到军官级别，1938 年又升到了最高级别——大十字级别"荣誉勋位勋章"。教皇利奥十三世给予他圣格雷戈里大帝荣誉职位，此荣誉对这位伟人来说意义重大，来之不易。

与天主教学院的纠纷

一直到 1932 年之前，布兰利都未能在天主教学院拥有一个与其名誉相称的实验室。因为此事他与校长鲍德里亚闹的矛盾人尽皆知。如今我们在天主教学院里仍然可以看到布兰利的实验室，那是电子高等研究所大楼中的三个房间。其中一间实验室被改造成了法拉第笼，所有内表面都铺满了铜板。

1940 年，布兰利逝世，享年 96 岁。为了表示对他的崇敬之情，国家举行了国葬。人们在卢森堡公园里为他立了一座雕像，把他葬在了拉雪兹神甫公墓。

米其林家族与轮胎

米其林（Michelin）家族的人肩负着使命，是企业人，也是发明人，从爱德华到安德烈，再到与创始人同名的小爱德华……从汽车橡胶轮胎厂到收购雪铁龙，从子午线轮胎到不可伸缩轮胎，米其林家族的人始终走在世界前列。再到后来，无气轮胎面世。2006 年，小爱德华意外身亡。

创始人爱德华和安德烈

1889 年，米其林家族的两兄弟爱德华和安德烈在克莱蒙费朗成立了米其林公司。公司的总部自那时起一直未变。很快，他们招了 50 多名工人，生产可拆卸的自行车轮胎，并于 1891 年 6 月获得了该轮胎的专利。在著名的巴黎－布雷斯特自行车大赛（1892 年度）上，米其林公司因 Terrant 夺冠取得了更为瞩目的成就。

1899 年，米其林轮胎人"必比登"的诞生对汽车轮胎进行了大力推广。他最初的口号有些狂妄自大：Nunc est bibendum，意为"现在是举杯的时候了"，不久就换成了更为亲民的口号，"米其林轮胎享一方天地"。

"永不满足"号电动汽车大获成功，采用了米其林轮胎，时速超过 100 千米，促进了克莱蒙费朗公司规模的扩大。自 1900 年起，第一本红色指南（《米其林美食指南》）问世，为驾驶汽车的游客推荐最可口的法国美食（1926 年绿色旅游指南问世）。

1907 年，第二座工厂在克莱蒙兴办了起来，接着在意大利都灵开办了首个国外工厂。1908 年，米其林公司进军轮胎市场，并占据重要位置。

第一次世界大战期间，米其林在政府的请求下支援战争，生产了"宝玑－米其林"号飞机。米其林公司向国家提供了最先制造的 100 架样机，当时总共制造了近 1 000 架飞机。

1929 年危机前夕，米其林集团在奥弗涅大区雇用了一万名员工，将内燃机车投入生产。

皮埃尔・米其林收购雪铁龙

皮埃尔・米其林被指定为继承人和共同管理人，1933 年，他成功收购了雪铁龙。众所周知在 1934 年，安德烈・雪铁龙挖走了雷诺公司的工程师——即将对前轴驱动汽车进行研究的安德烈·列斐伏尔。后来，他让人建了一间工厂，每天出厂 1 000 个高精尖配件。的确，安德烈·雪铁龙领先其他竞争对手，迈出了决定性的一步，但他高估了自己的实力。前轴驱动汽车的研制工作十分棘手，导致公司向顾客赔付了巨额费用，而安德烈·雪铁龙还不停在俱乐部挥霍大量钱财……1934 年，雪铁龙破产，面临着债务清算。1935 年，米其林接手并重振雪铁龙。同年 7 月 3 日，安德烈·雪铁龙患胃癌，离开了人世，他的才华最终没有被世界认可。两年过后，即 1937 年，皮埃尔·米其林去世。但是直至 1976 年，雪铁龙公司一直在米其林集团旗下。

爱德华的女婿罗伯特·普塞克斯执掌公司大权

1938 年，爱德华·米其林死后，罗伯特·普塞克斯成为总经理。1946 年，米其林公司研发了子午线轮胎，即著名的 X 轮胎，并申请了该项专利，以此赚取了一笔可观的财富。1951 年是至关重要的一年：除克莱蒙费朗，米其林决定在奥尔良建立另一个经营点。随后，米其林集团一分为二，一个是集团控股公司（采用便于严密管控资金的两合公司制），一个是法国米其林轮胎制造公司，计划上市。如今米其林公司监事会仍然涌现出了一些知名人物，如路易斯·加卢瓦和法国企业运动社前任主席劳伦斯·帕里索等。

弗朗索瓦·米其林的时代

1926 年，弗朗索瓦·米其林在总部克莱蒙出生。他是爱德华的孙子，斯蒂芬的儿子。1951 年，这位科学家进入家族企业，通过了家族子孙必经的见习期：他们必须先在重型轮胎工厂当两年工人，然后去私家车制造厂当两年工人，才能接触技术工作和商业管理。弗朗索瓦·米其林掌管公司之前已经具备了这些条件。1955 年，他和普塞克斯一同管理公司，成就了一段令人赞叹的经历。30 年间，米其林成为全球第一大轮胎制造集团。

1966年，弗朗索瓦·米其林希望招揽他的表兄弟和他共同经营公司。

子午线轮胎改用钢索加固的橡胶，成为集团面向世界的尖端产品。自1971年起，米其林公司首次在美国和加拿大的新斯科舍省建立了工厂。随后，米其林集团在美国南卡罗来纳州格林维尔市建立了分公司。随后在1989年，米其林收购了在美国的竞争对手UG轮胎公司。

弗朗索瓦·米其林的大佬做派，与其说是虔诚的基督教徒，不如说是大家长作风。因为他经常拒绝召开发布会，所以遭到了媒体的责备。

1977年，一级方程式赛车时，米其林和雷诺联手取得了众所周知的成功。米其林还曾与法拉利和迈凯伦等车队组队参加比赛。但是，身为工程师的弗朗索瓦·米其林并没有闲着，给了充足的预算以鼓励研究团队，成功续写了继子午线轮胎后的下一个华丽篇章。1996年，米其林公司发明PAX系统，是一种不可伸缩轮胎，即使爆胎也能保持原来位置继续滚动。

1999年，弗朗索瓦·米其林时年73岁，让位给他36岁的儿子爱德华。2015年，弗朗索瓦·米其林逝世，享年88岁。

沉重的命运

爱德华·米其林出生于1963年，毕业于巴黎中央理工学院，是米其林家族唯一一个作为潜艇艇员服兵役的成员，他成为"顽强"号潜艇队（法国最精尖的核舰队之一）的艇员。随后，他循着家族企业的发展路线，进入家族企业工作，并成为家族中举足轻重的人物：他先担任生产经理，随后负责团队管理，接着晋升为米其林北美分公司的经理，后来成为卡车轮胎部的主管。1991年，他被任命为共同管理者。

1999年，在将权力交接给他的儿子时，两位船长和船员分别是他们的见证人。父亲说道："爱德华，要当心哦！"年轻的最高管理者回道："谢谢长官！"

1999年，尽管盈利增加，但米其林公司还是宣布裁掉7 500个岗位，激起了一番争论。35 小时工作制和员工股权制实施，欧洲劳资委员会设立后，爱德华·米其林面临着更为严峻的考验。最终，米其林公司开始进行社会对话。

米其林公司在中国建立了一批新的工厂，又在美国、俄罗斯、印度和拉丁美洲增建了一批厂房……2004 年，米其林曾表示有技术方面的新突破，将推出无气轮胎 Tweel 系列。

2006 年 6 月 26 日，在圣恩岛的海滨，残酷的命运等待着这个庞大家族里年轻的一家之主。在钓鱼聚会时，他不幸溺水身亡。

米歇尔·罗利尔接管集团，他曾与爱德华共同打理集团。他培养了一批新人，公布了一些重要举措使米其林集团继续向前发展：在瓦朗西纳建立了一个大容量储存平台（7 万平方米），2007 年与美国五角大楼签下合同（17 亿美元）；2010 年在中国、巴西、印度和美国开展大型投资项目并建厂。

2012 年，让 - 多米尼克·塞纳尔掌管集团，他自 2005 年起便在米其林集团担任财务总监，同时米歇尔·罗利尔任监理会会长。

2014 年是硕果累累的一年，米其林集团不仅收购了一家巴西公司——萨斯卡，该公司专营重型商船的管理，还收购了一个轮胎线上销售网站公司——Tyredating SA。

2014 年，米其林公司实现 196 亿欧元的营业额（相比前一年有所下降），净赚 10.31 亿欧元。米其林位居世界第二，排名在日本普利司通公司之后，在固特异轮胎公司之前。米其林的股东权益值达 95 亿欧元。集团雇用员工人数达 112 300 人，其中 1/4 是法国人。克莱蒙费朗总部雇用了12 000 名相关从业者。米其林集团在轮胎市场占据 14% 的份额，其中重型卡车轮胎所占比重高于轿车轮胎。该集团还涉足飞机、两轮车、土建工程和牵引车等领域的轮胎制造业务，在 18 个国家建立工厂，主要的业务合作国家有尼日利亚、阿尔及利亚、加拿大、美国、巴西、日本、泰国、波兰、匈牙利、中国、哥伦比亚、罗马尼亚和印度，在巴黎证券交易所上市，并进入法国巴黎券商公会 40 指数行列。

雷内·潘哈德和埃米·勒瓦索——批量生产汽车的先锋

两个毕业于巴黎中央理工学院的合伙人雷内·潘哈德（René Panhard）和埃米·勒瓦索（Emile Levassor）与丹拿德国发电机的法国代理爱德华·萨拉钦结识以后，法国第一辆汽油发动机汽车便问世了。自 1891 年起，潘哈德 – 勒瓦索牌（Panhard & Levassor）汽车进入批量生产。直至 1914 年，出售价格高昂的汽车使得潘哈德 – 勒瓦索品牌在赛车和奢侈品汽车领域遥遥领先。

先锋人士雷内·潘哈德

雷内·潘哈德出生于 1841 年，毕业于巴黎中央理工学院，他与车轮和木工机械制造商让 – 路易·佩兰合伙，这是他第一次在工业领域进行尝试。1875 年起，佩兰 – 潘哈德公司逐渐发展，直至 1889 年，让 – 路易·佩兰在燃气发动机制造过程中意外去世。1872 年，雷内·潘哈德决定寻找一个新的合伙人，此人正是他在巴黎中央理工学院的同窗埃米·勒瓦索（埃米·勒瓦索获得了公司 10% 的资产）。1889 年，在戈特利布·戴姆勒汽油发动机法国代理爱德华·萨拉钦的促成下，雷内·潘哈德和埃米·勒瓦索决定获得该发动机在法国的生产许可证。潘哈德 – 勒瓦索公司随之成立。爱德华·萨拉钦突然去世后，埃米·勒瓦索娶了他的遗孀。

艾弗里工厂

位于巴黎 8 区艾弗里大街 16 号的工厂规模不断扩大。1891 年，第一辆丹拿牌双缸 V 型发动机汽车问世。潘哈德和勒瓦索采用潘哈德的开头字母 P 和勒瓦索的开头字母 L 构成的交织字母来注册品牌。1891 年 11 月，该品牌批量生产了 30 辆汽车。

艾弗里工厂是世界上第一座燃油汽车批量制造厂（使用丹拿牌发动机的生产许可证）。作为老牌内燃机汽车，潘哈德－勒瓦索品牌在当时领先于卡尔·本茨、戈特利布·戴姆勒和阿尔芒·标致等人成立的品牌。汽车领域有不少知名品牌，但在蒸汽汽车领域，波莱、迪翁－布顿和塞波莱则是大牌。

潘哈德－勒瓦索品牌转而进入赛车和奢侈品制造。

埃米·勒瓦索还决定采用加热点火来代替以前的不稳定的燃烧点火。

赛车之王

潘哈德－勒瓦索品牌参加过数次汽车大赛。埃米·勒瓦索本人也是赛车驾驶员。1894 年，潘哈德－勒瓦索品牌赢得巴黎—鲁昂汽车大赛奖，次年又获得巴黎—波尔多汽车大赛奖（但是后来品牌被取消了比赛资格）。1896 年，在巴黎—马赛汽车大赛途中，勒瓦索为躲避一条狗在皮耶尔雷拉特发生车祸受了伤。车祸后，他身体状况一直不佳，于 1897 年离世。雷内·潘哈德久久不能从这位合伙人兼朋友的死亡中平复心情。他决定和儿子希波吕托斯一起继续汽车经营之路。1899 年，潘哈德获得环法汽车大赛冠军。1905 年，在争夺迪耶普（Dieppe）汽车大奖时，他的赛车驾驶员亨利·西塞发生了意外，自此，他不再参加汽车赛。因此，他专门生产奢侈品和卡车，不再生产赛车。

惨淡收场

1908 年创始人雷内·潘哈德去世后，他的侄子波尔及其儿子让继续经营该品牌。

1910 年，潘哈德公司研发了无阀门的滑套电动机。1914 年，该品牌成为法国第一大也是最负盛名的汽车制造商之一，每年销量约 25 000 辆，在欧洲销量第一，仅次于美国（44 000 辆）。1929 年，防侧倾悬挂杆问世，沿用至 21 世纪。

1967 年，潘哈德公司不复存在，因为两年前，与雪铁龙汽车公司已达成收购协定——尽管原来雪铁龙公司是想拯救这个品牌的。除此之外，潘哈德牌军用汽车和轻型装甲车至今还在。

雷诺、雪铁龙和标致——三大汽车巨头

路易·雷诺和他的两个哥哥

路易·雷诺（Louis Renault）出生于 1877 年。1898 年，这位 21 岁的天才机械师打造了他的第一辆汽车。这辆汽车是由迪翁 - 布顿牌（Dion-Bouton）三轮车改造而成的四轮汽车，配备了三挡变速箱和倒挡中间齿轮，汽车的全部运转由一个万向轴传动装置控制。1899 年，他的两个哥哥马尔赛和费德南成立了雷诺兄弟公司，路易·雷诺则保留着这项专利。马尔赛和费德南二人多次斩获汽车大赛冠军，名声大噪，因此迎来了大量订单，在 1902 年，推出第二款汽车。

1903 年，马尔赛在巴黎—马德里汽车大赛的比赛途中身亡，但路易·雷诺并没有就此罢休。他雇用了一批专业的赛车手，搭建了跨国销售网，随后又占据了巴黎出租车市场。于是，公司进一步发展，步入批量生产阶段。哥哥费德南死后，路易·雷诺成了雷诺公司唯一的主人。1913 年，雷诺公司大约每年生产 4 000 辆汽车，雇用了 5 000 名工人。

与雪铁龙竞争

由于争夺马恩省出租车市场一役大获全胜，雷诺牌汽车的势力大增。

路易·雷诺生产救护车、卡车、飞机发动机、炮弹和著名的 FT 17 坦克，提供军需支援前线。

路易·雷诺渴望像当时的美国厂商那样步入大众消费时期，成立了雷诺汽车有限公司（SAUR）。从铸铁到炼钢，从电子配件到橡胶，再到发动机用油，公司包揽了所有产品的生产。雷诺对汽车制造的各个领域都有浓厚的兴趣：如卡车、带篷运货小卡车、机车、公共汽车，以及飞机和潜艇的发动机。

自 1927 年起，位于比昂古的塞甘岛工厂正式投入生产；直至 1937 年，该工厂规模一直不断壮大。

雪铁龙将 A 型和 5 马力汽车投入大批量生产，更具创新力，竞争持续升级。路易·雷诺也进行了一些创新：推出 10 et 40 CV（马力）型，出口 1/3 的产品，增加在国外的制造厂。为应对 1930 年危机，路易·雷诺降薪裁员以缩减成本，收购高德隆飞机制造公司后，转入航天业，继而进入军械制造业。

陷入骚乱

1936 年，法国人民阵线取得胜利，严重的社会动荡使雷诺公司受到巨大冲击。1937 年，逐低型（Juvaquatre）汽车面向市场，反响一般。1938 年，工会运动再次爆发，法国机动保安队出警介入，并声称要将罢工者逮捕入狱。在法国总工会的号召下，这场以阶级斗争为背景的骚乱留下了深刻的影响。

1939 年 9 月英国和法国对德国宣战之后，路易·雷诺被迫开始制造坦克。随后法国战败，他又被迫修理德军截获的坦克，同时也为纳粹德国生产货车。1942 年开始，同盟军的第一次轰炸殃及比昂古的众多工厂。路易·雷诺不愿看到毕生事业毁于一旦，固执地重建工厂，却误入了纳粹阵营，成为帮凶。法国大解放后，路易·雷诺因与敌军通商于 1944 年 9 月

23 日被捕，时年 67 岁。他被秘密监禁在弗雷斯内，在狱中身亡。1936 年至 1938 年间的事情，以这样一种结局被清算了。他与德国战领军合作，确有其事。但面对德军的压迫，路易·雷诺似乎别无选择。

1945 年 1 月 1 日，戴高乐将军决定对雷诺汽车有限公司进行国有化。

安德烈·雪铁龙——福特的铁杆粉

安德烈·雪铁龙（André Citroen）是荷兰钻石商的儿子，毕业于（巴黎）综合工科学校。有一次在波兰出差时，他获得了一种"人字"双齿轮的齿轮传动系统的方法，由此起家。

他开办了一个机械车间，后来又担任了莫尔斯工厂的主任。1913 年，他的工厂每年生产 1 000 多辆汽车，为福特的 4 倍之多，此前，他花了很长时间在美国的福特公司观摩学习，希望从中得到启发。第一次世界大战后，安德烈·雪铁龙研制了第一款批量生产的汽车——A 型汽车。他安排不间断的生产工作，不再经由高级轿车制造厂商，而是将汽车直接送到客户手中。安德烈·雪铁龙凭借 5 马力汽车获得的利润与美国公司齐平，成功占据了法国汽车市场的 1/3。随后，几种新型汽车：B14、C4 和 C6，相继面向大众。

雪铁龙不断创新，成为首家推出贷款和借助广告宣传的汽车公司。他研发了第一辆完全采用钢板制作的汽车，配有带橡胶垫的浮动马达和一个液压制动。

安德烈·雪铁龙将工程师安德烈·列斐伏尔从雷诺公司挖过来，发明了前驱动汽车。雪铁龙确信自己碾压了竞争对手，花重金投资了一家日产千辆汽车的工厂。但是这种汽车太超前了，不成熟的技术问题耗费了巨额资金。在债主的控诉之下，雪铁龙于 1934 年破产，被米其林收购。安德烈·雪铁龙患胃癌于次年去世。

靠自行车发迹的阿尔芒·珀若

阿尔芒·珀若（Armand Peugeot）出生在一个工业世家，19 世纪 80 年代他发明了一款自行车、机动三轮车和红花百里香型自行车。他构造了许多配件设施，如链传动、齿轮传动系统和滚珠轴承，随后将之移用到汽车制造中。

19 世纪结束之前，阿尔芒·珀若便研制了以汽油为燃料的四轮自行车，行驶速度为每小时 24 千米。

1896 年，他决定进入汽车行业，成立了标致汽车有限公司。他设计了双缸卧式发动机后置的汽车，后又将自行车公司和汽车公司合并。1910 年，他发明了鱼雷形敞篷汽车 127，该车的行驶速度十分惊人，达每小时 70 千米。

自 1912 年起，标致在索绍建立了一个大型工厂，并加入了汽车竞赛的行列。同年，L76 型汽车一举拿下了法国汽车大奖赛的冠军。之后，标志公司跨越大西洋，于次年赢得了印第安纳波利斯汽车大赛的冠军。L76 型汽车，即鱼雷型，一经推出速度便成功达到每小时 170 千米。

第一次世界大战期间，标致像雷诺和雪铁龙一样转向武器制造业，生产坦克、炮弹、钻弹和飞机发动机。

1930 年，嘉里耶特型汽车问世。由于标致自行车公司的成立，自行车业务运营随之独立发展。

1931 年，601 型汽车被推出。这是一款拥有流线型车身和 6 缸发动机的汽车。而后 402 型汽车在 1938 年为标志品牌赢得勒芒 24 小时耐力赛冠军。202 型汽车后来被投入生产，在第二次世界大战到来之前取得了巨大的商业成功。

亨利·莫瓦桑和氟单质的分离

亨利·莫瓦桑（Henri Moissan）是第一位成功分离出氟单质的化学家。1886年，他发明了温度高至3 500℃的电炉。1906年，他获得诺贝尔化学奖。

从面包店到药店

亨利·莫瓦桑于1906年10月获得诺贝尔化学奖，似乎毫无预兆。他出生于1852年，曾就读于莫城中学，他的职业生涯实则是从面包店学徒开始的。然而，19世纪70年代，他一边修读药剂学，一边在埃德蒙·弗雷米（已经是知名化学家）的化学实验学校学习。1880年，他28岁，是收获颇丰的一年：他获得了一级药剂师的头衔，撰写了一篇关于碳氮混合有毒气体——氰的论文，并顺利通过答辩。

氟之战

自1884年起，莫瓦桑对氟表现出浓厚的兴趣。"氟"是一种卤族元素，由于容易形成化学反应，所以难以分离出单质。这个问题似乎成为当时众多化学家的戈耳狄俄斯之结（取得荣耀前的障碍），从安培到弗雷米，化学家们均无功而返……氟化磷和氟化砷等大量电解实验以失败告终。而亨利·莫瓦桑制造了一个铂金电解槽，采用导电性强的氢氟酸和氟化钾的混合溶液，成功分离了氟单质。1886年6月28日是载入无机化学史上的伟大日子：一种令人称奇的有毒气体——黄绿色的氟气散发出来……

高温电炉

1891年，莫瓦桑成为法国科学院院士，并研制了首个电弧炉。这种电炉成功达到了堪比地心的温度：3 500℃。这项成果为实现无机合成，尤其是将碳转换成金刚石开辟了道路。

亨利·莫瓦桑成了高温化学领域的专家，因取得了分离氟单质这一成果，于 1906 年被授予诺贝尔化学奖。然而他没有时间享受这份胜利的喜悦，于两年后，即 1907 年 2 月辞世。

一笔丰厚的遗产

如今，亨利·莫瓦桑的发明仍然具有权威性。这位伟大的科学家并未止步于人工钻石，他发明的电弧炉与最新的技术进步密不可分，比如，陶瓷器的工业生产、电冶金学的进步、碳化物使用率的提升。

氟单质的分离为核能的开发利用指明了道路（六氟化合物可以直接从四氟化铀中提取），进而促进了微电子学、消防乃至外科学的发展。

伊夫·勒普里尔——从火箭到海底潜艇

伊夫·勒普里尔（Yves Le Prieur）是一位天赋异禀的发明家，他构想出了空对空火箭和反潜炸弹。他对海底潜水十分着迷，发明了以自己的名字命名的潜水服，还为航空安全（领航仪）做出了重要贡献。

水兵

1885 年，伊夫·勒普里尔出生于洛里昂一个海军世家，1902 年他顺理成章地进入了（法国）海军军官学校。1905 年，在安南的金兰湾停泊场（今越南）上，他发明了潜水艇。他接到一项任务，去海关总署的小艇上查看正在进行的修补工作。这件笨重的鲁奎罗尔－德奈鲁兹牌潜水服使他整个身体都得蜷缩着，勒普里尔觉得自己像是在月球上漫步。次年又接到了一项任务，这次是在中国海南岛海滨，他要潜入海底将勾在轮船螺旋桨上的一条粗壮的铁制锚索解开。

自 1908 年起，他作为见习口译员被派遣到日本。他在当地见识了柔道、武术、生活艺术和哲学的乐趣。1920 年，他离开日本，后来又考取了多隆的炮兵军官学院。

弹道射击的发明者

1912 年，他为法国海军轮船发明了计算器和射击共轭器。后来，在第一次世界大战期间，他同时研究飞机的水上降落技术和空对空火箭，后者适用于飞机进行空中射击。这便是著名的勒普里尔火箭炮，曾被法国歼击航空兵用于对抗"德克雷斯"（drakens，侦查系留气球），值得一提的是，在凡尔登攻占杜奥蒙碉堡时也使用了该火箭炮。它还击毁了德军用来轰炸伦敦的齐柏林飞艇。这项发明为勒普里尔赢得了军事十字勋章。另外，他发明了一种自动校正器，从而实现 300 米射程内对敌机的横向扫射。

陆军部部长保罗·潘勒韦任命这个年轻人为海军上尉，执掌研发署（1939 年成为法国国家科学研究中心）。那时，他为了测试反潜炸弹"浮枝"开始学习驾驶潜艇。1918 年，他被授予法国荣誉军团勋位勋章和十字军勋章。

领航仪

战后，勒普里尔被任命为一家研究飞行安全的公司——现代精密武器公司的技术主任。他发明了回转仪和领航仪。回转仪可以帮助飞机在能见度较低的情况下进行降落，领航仪则是飞机航行轨道的矫正器。不论是飞越撒哈拉沙漠的巴黎—卡奥线路，还是航空航天工业集团的飞机横跨大西洋，领航仪将它的用途展现得淋漓尽致。

莫里斯·费尔内斯设计了一款轻便的潜水服，不用戴防护帽和沉重的便携式空气罐。这种自主潜水服赋予潜水员完全自由的活动空间。1926 年，他为该发明申请了专利。勒普里尔在圣拉法厄的一座靠海港的别墅中定居，并在此进行潜水试验。

1928 年，勒普里尔发明了电影的透明化手法，改良了潜水服：设置了小型舷窗防护面罩、进气口和连接米其林压缩空气罐的手动调节器。

他穿着自己设计的自主潜水服进行水下拍摄，成立了第一家海底潜水俱乐部，发明了海底鱼叉枪……1939 年，他与雅克·库斯托结识，向他介绍了他改良的潜水服和用于在海底进行安全拍摄的鲨鱼笼。

勒普里尔位于圣拉法厄的府邸在 1944 年轰炸中被炸毁。第二次世界大战过后，他又为潜水服加了一个十分灵敏的调制器。但库斯托没有表现出丝毫感激之情，渐渐地将所有的勒普里尔发明的机器移出摩纳哥海洋博物馆，只保留他自己发明的库斯托 - 加格南潜水服。1953 年，勒普里尔想要恢复历史事实，在法国帝国出版社出版了《潜水第一人》一书。1963 年，他与朋友谷克多相继逝世。

居斯塔夫·埃菲尔和埃菲尔铁塔

对于埃菲尔铁塔的设计师，我们无须过多介绍。但若要展开详述则如下：这位杰出的工程师是钢铁构架领域的专家，他设计了造型大胆的桥梁和车站，参与设计了巴特勒迪雕刻的自由女神像，该雕像被赠送给了美国。由此，他开启了职业生涯，且狼狈收场。在"巴拿马运河事件"中他受到了不公正的对待。当时他试图修改不妥当的工程设计，原本的设计中没有预设船闸。

杰出的工程师

1832 年，居斯塔夫·埃菲尔（Gustave Eiffel）出生于第戎。1855 年，他从（法国）中央高等工艺制造学校毕业。他打算主攻钢铁架构建造，一开始成为一位顾问工程师。渐渐地，他构思了桁架桥体系，通过增加耐力和韧性来防止钢铁过重。

1964 年，他决定自己做专业的承包人。他首先在钢结构桥梁领域中得到了公认，然后进入钢铁架构桥梁领域，建成了著名的铁塔和许多工厂。那时，他定居在勒瓦卢瓦 – 佩雷。

从杜罗河到自由女神像

1876 年，埃菲尔在波尔图城中的杜罗河上建造了一座高架桥，随后在 1884 年，又在特吕耶尔河上建了十分精美的加拉比特高架桥。加拉比特高架桥有一个长达 565 米的桥面，建在 7 个钢铁锻造的桥墩之上，拱桥高达 52 米。之后他又接到了一些国外的工程项目，如佩斯火车站（位于布达佩斯）和美国纽约的自由女神像。众所周知，1886 年，法国赠予美国的自由女神像，虽说是由巴特勒迪雕刻的，但它基于埃菲尔设计的稳固的金属结构。这位工程师至此百举百捷，在尼斯城中建成了天文台。

埃菲尔铁塔

建造巴黎埃菲尔铁塔的工程差点儿半途而废——因为马尔斯广场的业主由于害怕铁塔倒塌砸到他的房子，让工程队停止施工。多方协调之后，又在 1887 年 1 月 25 日开工。勒瓦卢瓦工厂为工地上持续施工的两三百名工人提供金属原料。

1888 年 3 月 26 日，铁塔的第一层完成了，次年 5 月 15 日，铁塔支柱立好了。1888 年 8 月 17 日，第二层建好了，12 月 28 日，在新年前夕，顶部（第三层）才开始搭建。1889 年 3 月 31 日晚，经过两年多的艰辛努力，相对而言短暂的一段时间，铁塔施工完毕。

1889 年 5 月 15 日，埃菲尔铁塔由时任总统萨迪·卡诺剪彩。人们迫不及待地拾级而上，踏过 1 710 个台阶直至塔顶。在走廊上，人们可以参观位于第二层的费加罗馆。

铁塔金属框架部分 7 000 吨以上，由 18 000 个金属零件和 250 万颗铆钉组装而成。铆接在加热的状态下进行，保障紧固过程安全进行，金属会在冷却时收缩。铁塔坐落于巴黎世界博览会场地的中央，1889 年接待游客共计 3 000 万人。

埃菲尔并非凭借一人之力建成了这座具有纪念意义的铁塔，埃米尔·努吉耶和莫里斯·科奇林为他提供了许多帮助，事实上他们都是铁塔结构的设计师：铁塔由四根底部分开、在顶端汇合的桁架梁构成。当然，为了使整个塔牢固，三层都使用了粗壮的平衡梁。建筑师索维斯特也参与了铁塔的设计，负责为与第一层支柱相连的拱形结构确定弯曲程度。在铁塔搭建的过程中，50 多名工程师参与草图绘制。

光荣不在——巴拿马运河丑闻的恶果

然而 1887 年，埃菲尔冒着风险答应帮助莱塞普斯，后者在巴拿马运河开挖工程中惨遭失败。很快，埃菲尔对工程设计中没有预设船闸一事提出质疑。但是，由于经费短缺，埃菲尔设计的运河也未能建成。然而这时，一桩丑闻发生了，涉及 80 000 名被骗的年轻搬运工，14 亿金法郎不见踪影。确实，104 名，甚至 113 名国会议员私自挪用了运河工程款，他们用这笔钱做自己的生意，或是为反布朗热主义运动抬头提供经费……1893 年，埃菲尔无法自证清白，因背信罪遭受了一年的监禁，并被罚款 3 000 法郎。最终，居塔斯夫·埃菲尔在一次调查中证明自己没有参与挪用公款一事，才得以恢复声誉。但在 1893 年，他失去了自己的承包项目，服刑之后他不得不让出工程指挥的职位。

重整旗鼓

埃菲尔遇到的主要问题是他的塔能否一直保存下来。事实的确如此，埃菲尔铁塔已经建成 20 年时，就有人想将它拆掉。居斯塔夫·埃菲尔成功说服政府将铁塔交给军方，用于传递无线电报。1903年，埃菲尔铁塔与巴黎周围的堡垒实现了首次无线电连接。

后来，居斯塔夫·埃菲尔在塔顶设立了一间实验室，用于研究风阻问题。他还对飞机原型进行研究，1912年他又建立了一个空气动力学实验室。然而不久后，他就撒手人寰了。

法国考古学家与埃及法老

法国埃及学学派汇聚了一众英才。由于按捺不住心中的激情，他们中的几个大考古学家在尼罗河畔进行了令世人瞩目的考古发掘工作。于是，古老灿烂的埃及文明终于被一点点地揭开了神秘面纱。奥古斯特 - 爱德华·马里埃特（Auguste-Edouard Mariette）、加斯顿·马斯佩罗（Gaston Maspero）、皮埃尔·蒙特（Pierre Montet）和维克多·洛雷（Victor Loret）是深受勒格兰（Legrain）、洛尔（Lauer）和我们的国宝克里斯蒂亚娜·德罗什·诺布勒古（Christiane Desroches Noblecourt）（他曾为我的一部作品——《古埃及法老与王后》作序）敬重的前辈，我谨以此节献给他们。

探秘古埃及

18世纪末，拿破仑曾远征埃及，向全欧洲揭示了诡谲绚烂的尼罗河古文明。法国军队及其科学家们是第一批探索埃及法老之谜的人。然后则是尚博里翁破译了象形文字，开启了通往掩埋在沙漠下的城市之路。

或许，法国人马里埃特与英国人皮特里一道，才是古埃及的探险的先驱，他也因此被称为现代埃及学之父。

此处记叙了这些法国伟人光芒四射的一生，他们一个接一个地将这个世界上最古老悠久的文明公之于世。他们是马斯佩罗、马里埃特、蒙特和洛雷与后来的让－菲利普·劳尔、乔治·勒格兰、克里斯蒂亚娜·德罗什·诺布勒古和乔治·勒布朗。据回忆，勒格兰（1865—1917）是考姆翁布神庙和卡纳克神庙的伟大发现者，其中卡纳克神庙出土了 800 件被掩埋在地下的雕塑。克里斯蒂亚娜·德罗什·诺布勒古（因为他写了第一部以古埃及为题材的书，所以令人印象深刻）将一批珍珠从努比亚的地底下拯救出来，若非如此，这些珍珠无疑会消失在沙土之中（辛阿布辛拜勒神庙、菲莱神庙、阿马达神庙）。让－菲利普·劳尔于 2001 年逝世，享年 99 岁，他花了生命中的 70 个年头与萨加拉遗址中的左塞尔法老金字塔相伴。这是当地最古老神奇的金字塔，它的表面平滑，是一座阶梯金字塔。克里斯蒂安·勒布朗则发现了位于底比斯城西侧的帝王谷。

奥古斯特－爱德华·马里埃特和新底比斯帝国

奥古斯特－爱德华·马里埃特于 1821 年出生在滨海布洛涅地区，后成为当地的教授。木乃伊的发现勾起了他对埃及的向往之情。在好奇心的驱使之下，他抛下一切来到埃及。在那里，他掌握了科普特语和象形文字，随后被聘为卢浮宫的办事员。1850 年，卢浮宫十分荣幸能够招揽到这位非凡的人物，于是派遣他去埃及带回用科普特语写成的手稿。

狮身人面像和金字塔的景象令他惊叹不已，他决定留在埃及这片土地上。他熟读了斯特拉波对于埃及的描写，认定狮身人面像中有一条通往孟菲斯的小道（在当时的开罗城附近）：人们对此地进行挖掘后果然惊奇地发现了孟菲斯旧址！他在孟菲斯发现了著名的"书吏坐像"，并勘探了位于孟斐斯的塞拉匹斯神庙和萨卡拉神庙。1857 年，他遇到了费迪南·德·雷赛布，费迪南又将他引荐给了法国人的盟友赛义·德帕夏。在当时的那种环境下，他的立场十分坚定，决定让发掘出来的精美物件原封不动地留在原地，这种与众人截然相反的想法表明他有一颗高贵的心灵。另外或许无人记得，他一度反对欧仁妮皇后将阿霍特普的珠宝占为己有，而这给他造成了不少麻烦。

然而，他真正出名，还是因为底比斯城的发掘工作：他发现了建立埃及第十八王朝的雅赫摩斯王的石棺，后来又发现了图特摩斯王和阿蒙霍特普王的石棺，接着他又发掘出了卡莫西斯王的石棺（及其妻子阿霍特普王后的石棺）。卡莫西斯王打败了喜克索斯人，确立了其子雅赫摩斯王的统治地位。至于埃里奥波里斯的大祭司拉霍特普和他美貌的妻子诺弗雷特，我们能有幸一睹他们的面容，也应当归功于马里埃特，是他将他们从一口井中挖掘出来。

1881 年，在挖掘出大约 300 座古墓后，如自己所愿，马里埃特于开罗逝世。

加斯顿·马斯佩罗发现了隐藏在代尔·埃尔 – 巴哈里墓穴中的皇家木乃伊

马斯佩罗出生于 1846 年，他并非像马里埃特一样对埃及充满极度的热情。这位精通东方语言的人自称是法国人，并且在 1870 年的战争中为法国作战，因为他认为自己虽然是意大利人，但是无拘无束的个性来源于法国。1873 年，一表人才的马斯佩罗被选为法兰西学院的文献学和古埃及学教授。自 1880 年起，他被派往埃及，协助身体受糖尿病折磨而羸弱不堪的马里埃特。

进入了挖墓领域后，他最终发现了著名的代尔·埃尔 – 巴哈里墓穴。他不在场期间，他的副手挖掘了这座堪称阿里巴巴藏宝洞的墓穴：40 多具木乃伊在诸多祭司的庇佑下于此处长眠，这些祭司的存在是为了避免皇家墓地被亵渎或是偷盗。许多大法老的木乃伊被合葬在此处，如塞提二世、拉美西斯二世和图特摩斯二世……

将位于吉萨的斯芬克斯出土之外，马斯佩罗还发现了位于代尔·埃尔 – 麦地那的森内杰姆王墓。

1902 年，马斯佩罗成立了开罗博物馆来陈列他挖掘出的大量物品，此后他又发掘了卡纳克神庙。1914 年，由于心脏病的原因，他回到了法国。1916 年，他在法兰西铭文与美文学院的会议上正要发言的时候，突发心脏病与世长辞。对这位伟大的文化人而言，这是个圆满的结局。

维克多·洛雷发现大法老图特摩斯三世的墓穴

维克多·洛雷出生于 1859 年，是马斯佩罗的亲戚，开罗法国考古研究所研究员，在底比斯城附近进行过多次发掘工作。他发现了图特摩斯三世的墓穴，该法老或许是拉美西斯二世统治之前埃及史上最伟大的法老。但是他的墓穴是空的。他的木乃伊出现在代尔·埃尔－麦地那皇族墓穴中，被称为 DB 320，此事随即成为一个谜团。洛雷还发现了阿蒙诺菲斯二世的墓穴（帝王谷的 35 号墓），他与其他 8 位法老葬在一起，他的木乃伊被安放在石棺中，尸身也许是被古埃及第三中间期的祭司们重新包裹过。在古埃及学的勘察之旅中，这种现象是第一次。

自 1886 年起，洛雷成立了里昂古埃及学学院，然后在 1897 年他被任命为古埃及学院的主管。1946 年，洛雷与世长辞。

皮埃尔·蒙特和塔尼斯的法老们

皮埃尔·蒙特出生于 1885 年，是雷诺在里昂时的学生，起初在黎巴嫩的朱拜勒城工作。后来从 1929 年起，他一心扑在塔尼斯遗址上，探索埃及第二十一王朝的皇室陵墓。

第二次世界大战前夕，皮埃尔·蒙特在阿蒙神庙的石板底下发现了普苏森尼斯一世的墓穴，该墓穴是唯一一座完好无损的墓穴。众所周知，当年卡特进入图坦卡蒙王的墓穴时，该墓已经两度被盗（被一些只搜罗香油瓶和油膏瓶的小毛贼盗了）。普苏森尼斯一世的棺椁是用红色花岗岩制成的，里面还嵌着一个黑色花岗岩制成的内棺，第二层包裹是银制的，放在里面的便是木乃伊，木乃伊头上还戴着一个金色的面具。除此之外，此处还有一些戴着金色面具的法老，如普苏森尼斯一世的继承者阿门尼莫普和舍顺克，以及大祭司兼将军温德堡恩戴德。这些墓穴中也有大量精美的珠宝（戒指、手镯、祭酒器、宝石胸牌和项链）和一些祭祀用品（水壶、大口酒杯和圣餐杯）。

皮埃尔·蒙特执教于法兰西公学院，后又被选入法兰西铭文与美文学院，1966年，他走完了满载荣耀的一生。

第五章

20 世纪：大变革

　　法国 20 世纪的伟大发明，有的人们非常熟悉，比如居里夫人和她那光耀无比的诺贝尔奖家族，也有的只是知道发明创造，而不知发明人，如预防结核病的卡介苗、乙肝疫苗。然而，如果我们列举放射性、过敏、冲压式喷气发动机、分子结构、波动力学、斑疹伤寒、激光、艾滋病疫苗、血吸虫病疫苗、米非司酮……这些让人难以忘记的名词，就会理解何为法国科学技术的"大变革"。

吉美家族与蓝色染料

同吉莱家族、贝利埃家族和梅里埃家族一样，吉美家族也是里昂工业的创始者之一。让－巴蒂斯特·吉美（Jean-Baptiste Guimet）是一个当之无愧的天才，能够同时经营多家企业，从生产以他名字命名的蓝色染料直到成立普基公司。此外，他还十分注重文化知识，在博物馆领域也有所贡献。

雷蒙蓝或玛丽－路易丝蓝

由于拿破仑一世实施了"大陆封锁"政策，洗染业再也无法收购到靛蓝这一用来提取蓝色的天然植物染料。拿破仑一世认识到了这一点，于是设立了一笔 25 000 法郎的奖金，用以奖赏发现靛蓝替代品的人。让－米歇尔·雷蒙是里昂的化学老师，正是他发现了一种亚铁氰化物——普鲁士蓝。不久，为了表达对新皇后的敬意，这种蓝被更名为玛丽－路易丝蓝，它可以将丝绒染成蓝色，1814 年至 1815 年招募的新兵被命名为"玛丽·路易丝军团"，使用的也是这种颜色的羊毛呢。美中不足的是，这种染料会使丝织品变硬。雷蒙在他位于罗讷河畔圣瓦利耶的工厂中，几十年里一直将其用于羊毛和棉花染色。

一个叫让－巴蒂斯特·吉美的人

1824 年，法国工业促进会悬赏 6 000 法郎奖金，奖励人造群青颜料的研制，以代替从阿富汗进口的宝石——青金石。这种宝石价格昂贵，需要研磨才能提炼出群青色。

研制群青颜料的竞争十分激烈，不只有法国人，德国和英国的研究者也参与其中。1795 年出生于瓦隆的让－巴蒂斯特·吉美接受了这个挑战。吉美是巴黎综合工科学校的学生、圣西门主义者、杰出的化学家、火药和硝石委员会成员、红色火药的发明人，他总是精力充沛地投身于这些工作中。他的妻子罗莎莉·比多师从巴黎才华横溢且大名鼎鼎的画家吉罗代·德·鲁西。在她的鼓舞下，吉美于 1826 年获得了成功。他将硫酸钠、二氧化硅（高岭土）、硫氧化铝、碳酸钙和木炭等物混合，得到了群青色。

这一成果所带来的影响立竿见影：1827 年，大画家安格尔便将其用在他的重要画作——《荷马的礼赞》中。画中，一名女子身着鲜艳夺目的吉美蓝长袍。

1828 年，最终由吉美得到了奖金，获得了不菲的声誉。

1831 年，他还在索恩河畔弗勒里厄成立了一家制造公司。吉美蓝的使用逐渐普及开来，除了绘画，更是被用于纸张上蓝、布料染色（如克拉波纳的洗衣工）、织物印花和产品染蓝中。

得益于吉美蓝强大的着色力，吉美的公司得到了快速发展。在整个洗衣业和造纸业中，钴蓝色逐渐被这种蓝色颜料所取代。

难以置信的家族

法兰西第二帝国成立之初，吉美家族发达了！让－巴蒂斯特·吉美开始参与里昂的公职生活：他先是当选为市政委员会的议员，之后又入选法国科学院。1855 年，吉美做出了一个意义非凡的创举：他成立了艾莱斯和卡马尔格化学品制造公司，也就是后来的普基集团。此后 30 年间，他进行了氧化铝生产。

完成这一创举之后，让－巴蒂斯特·吉美并没有止步于此：这位亚洲（日本等）文化的行家成立了吉美博物馆，用来陈列他发现并带回法国的文物和艺术品等。他的儿子埃米尔，是一位音乐家，也涉足实业领域，同时还是位戏剧家。他延续了父亲的举措，并在此基础上做出了一些新的贡献。从埃及旅行回来，他带回一些木乃伊。在日本和中国旅行时，他收集了大量佛教文化的物品。他将这些物品陈列在里昂的吉美博物馆中。他鼓励当时最负盛名的艺术家莫奈和雷诺阿使用他生产的蓝色颜料。1887 年至 1917年，他担任普基铝业集团的总裁，还引入了埃鲁发明的铝电解法。

吉美提出在里昂建立一座可以容纳 3 000 人的剧院，但是遭到了拒绝，对此他十分失望。于是他将吉美博物馆迁到巴黎，并捐赠给了国家。直到 1913 年，3 000 多件收藏品才送还到里昂，交到爱德华·赫里奥特[1] 手中。

亨利·贝克勒尔——放射性之父

亨利·贝克勒尔（Henri Becquerel）的父亲是一名物理学家，妻子是物理学家的女儿。他虽然不如居里夫妇赫赫有名，却也是一位聪明绝顶的工程师，放射性就是由他发现的。1903 年，诺贝尔奖评选委员会为他和居里夫妇共同授予了诺贝尔物理学奖。

物理世家

他的祖父安东尼奥和父亲亚历山大均是物理学家，在法国国家自然历史博物馆授课。他们都是以馆为家的物理迷。1852 年 12 月，小亨利·贝克勒尔与父亲一样在博物馆的大楼里呱呱坠地。

他是路易大帝中学的优秀学生，1872 年进入巴黎综合工科学校，1874年获得桥梁与道路应用文凭。这位初出茅庐的工程师转向了研究领域，与同行结为连理。他的第一任妻子是巴黎综合工科学校物理教授的女儿露西·雅敏。第一任妻子去世后，他又与法国桥梁与道路总督察的女儿，同时是桥梁与道路委员会副主席的侄女路易丝·洛里厄喜结良缘。

---

① 爱德华·赫里奥特（Édouard Herriot，1872—1957），法国政治家和作家。1905 年当选为里昂市市长，此后一生任此职。——译者注

1889年入选法国科学院

最初，他专注于光学相关研究，1875年起集中于光的平面偏振。因此，他对金属蒸汽的红外光谱和晶体对光的吸收方面的研究获得了成功。1888年，他进行了博士论文答辩，论文题目是《关于晶体对光的吸收的研究》。

1889年，他进入法国科学院。1895年起，接替阿尔弗雷德·波蒂尔[①]在巴黎综合工科学校任教。

偶然的发现

1896年，亨利·贝克勒尔偶然发现了放射性。当时，他正在研究铀盐的荧光。在昂利·庞加莱[②]的建议下，他努力证明这种现象与X射线具有同样的性质。当时他观察到，摄影胶片没有受到阳光照射，却在与铀盐接触后也发生了感光。这表明，盐无须通过光的激发就可以放射出射线。起初，这种光线被命名为"超磷光"，于1896年3月被公布于世（略早于西尔瓦努斯·汤普森[③]的相似成果），贝克勒尔因此于1900年被授予拉姆福德奖。

居里夫妇的贡献

1897年，玛丽·居里决定以同一主题撰写她的博士论文。她揭示了电离辐射的特性：放射。后来她与丈夫皮埃尔一同发现了几种具有放射性的化学元素。她将这种现象命名为"放射性"。

---

① 阿尔弗雷德·波蒂尔（Alfred Potier，1840—1905），法国物理学家，法国科学院院士。——译者注

② 昂利·庞加莱（Henri Poincaré，1854—1912），法国最伟大的数学家之一，理论科学家和科学哲学家。——译者注

③ 西尔瓦努斯·汤普森（Silvanus Thompson，1851—1916），英国应用物理学家、电机工程学家和科学技术史家。——译者注

1903 年，居里夫妇发现镭和钋后，亨利·贝克勒尔获得一半诺贝尔物理学奖，另一半则被授予居里夫妇。亨利·贝克勒尔获奖原因是表彰他对发现自发放射性所做出的非凡贡献。

1908 年，亨利·贝克勒尔成为闻名遐迩的英国皇家学会成员。不久后，他在勒克鲁西克的岳父母家中逝世。

居里家族与 5 项诺贝尔奖

玛丽·斯克洛多夫斯卡（Marie Sklodowska）兼具美貌与才智，很快便俘获皮埃尔·居里的心，两人婚后育有 2 个女儿。居里夫妇二人一起进行研究，并发现了镭元素的放射性。玛丽两度获得诺贝尔奖，这在历史上绝无仅有。在丧偶之后，她还独自成立了居里研究所。该研究所得到第一次世界大战中所有伤员的感激。她的女儿伊雷娜和女婿约里奥因在人工放射性方面的研究也获得了诺贝尔奖。

天资聪颖的波兰姑娘

玛丽·斯克洛多夫斯卡出生于 1867 年，生活在一个被俄国人占领的国家。虽然她的父母均从事教育工作，但更确切地说他们仅是勉强度日。她的姐姐布罗尼亚被送往巴黎学医，而玛丽不得不去找一份家庭教师的工作。1891 年，她终于筹到了钱，买了一张前往法国的火车票。她怀揣着非凡的勇气，一头扎入学业，接连获得了物理和数学学士学位。

富有魅力

她热情似火的性格十分吸引温吞、文静的皮埃尔·居里（Pierre Curie），当时皮埃尔已经在晶体学研究领域小有名气。1895 年，他们成婚后育有两个女儿：大女儿伊雷娜是未来的诺贝尔奖得主，小女儿艾芙则走上了艺术道路。很快，夫妻二人齐心协力，发现了放射性现象。值得一提的是，当时亨利·贝克勒尔已经揭示出铀盐具有放射性。

首次获得诺贝尔奖

在一间保温效果极差的库房中，居里夫妇没有采取任何安全防护措施，处理了几吨的沥青铀矿。正是在这样艰苦的物质条件下，居里夫妇成功证明了镭和钋具有放射性。皮埃尔亲身试验镭的特性，发现镭会灼伤身体的有机组织。由此他敏锐地提出了镭疗法，即通过镭治疗肿瘤。

1900年，玛丽·居里成为塞夫勒高等师范学院的第一位女讲师和女性实验研究员。

1903年，居里夫妇和亨利·贝克勒尔共同获得诺贝尔物理学奖。在斯德哥尔摩的颁奖现场，玛丽没有被邀请上台介绍她的研究成果。她坐在大厅的座位上，听台上的丈夫介绍他们的"共同"成果。

但这丝毫没有妨碍她在这非凡的一年通过物理学博士论文答辩，论文得到最高评语是"非常优秀"。

悲剧降临

皮埃尔因患白血病而身体衰弱，一时疏忽不幸被一驾马车碾压身亡。玛丽不得不独自一人抚养两个孩子，同时还继续着她的研究工作。11月5日，她内心情绪激动，异常镇定地接过了皮埃尔在索邦大学的工作，在丈夫昔日的工位上继续进行研究。但是，法国科学院一直不愿接受女性进入。全世界的学者都谴责这种蒙昧的态度，1911年玛丽第二次被授予诺贝尔奖。

1911年第二项诺贝尔奖——诺贝尔化学奖

第二项诺贝尔奖——诺贝尔化学奖，1911年被授予玛丽·居里，以奖励她发现镭的原子量。然而，皮埃尔的朋友、物理学家保罗·朗之万来到斯德哥尔摩，玛丽与已有家室的朗之万之间的亲密关系被揭露出来，这令她心碎不已。

尤其是由于处理放射性物质时没有采取基本的防护措施，她还患上了白血病。对科学的热爱损耗了她的健康。但这是一种自然的力量。她退隐到英国，在朋友赫莎·埃尔顿[①] 的家中，再度恢复过来。1914 年，她成立了镭研究所。

X 射线在第一次世界大战期间拯救了无数生命

在索邦大学和巴斯德研究所的支持下，玛丽·居里开设了放射救护车服务。通过 X 射线，可以精准定位伤者体内弹片和子弹的位置。手术处理因此更为精确，可以在更少伤及其他部位上取出子弹。那时军医做手术时仅戴着布手套，立着金属屏风，这是一种多么大的自我牺牲精神……

伊雷娜加入母亲的工作

伊雷娜·居里出生于 1897 年，接受的是家庭教育。1918 年，她高中毕业，然后于 1919 年进入了居里研究所，与母亲一起工作。正是那时，她遇见了法兰西公学院的研究员弗雷德里克·约里奥。1926 年，两人成婚，他们育有两个孩子——海莲娜和皮埃尔（与外祖父同名）。

伊雷娜和弗雷德里克决定一同研究天然放射性、人工放射性和核物理学。1935 年，他们因人工放射性（即通过化学反应引发放射）方面的成果共同获得了诺贝尔化学奖。然后，他们又开启了核裂变发现之路。

玛丽因白血病于 1934 年逝世，未能目睹女儿的成就。

---

① 赫莎·埃尔顿（Hertha Ayrton，1854—1923），英国物理学家、工程师、数学家。因电弧和沙纹方面的原创性工作，获得 1906 年休斯奖章。1902 年，作为第一名女性被提名加入英国皇家学会，但由于其已婚妇女的身份被拒绝。她与居里夫人有着密切的交往。——译者注

伊雷娜满载荣光

伊雷娜·居里名声大噪，收到了来自全世界的盛誉：她获得数个名誉博士头衔，成为多个城市的荣誉市民，并在多个国家的科学院任职。在法国，人民战线任命她为国家科学研究部副部长，她还同时在法国理学院授课。1939 年，她被授予荣誉军团军官级勋章，但并未能够进入法国科学院。

约里奥主导法国核计划

弗雷德里克·约里奥继续他在核裂变领域的研究工作。作为法兰西公学院核物理学教授，他负责主导法国核计划的研究工作。1945 年 7 月，美国的曼哈顿计划成功启动，首颗核弹在内华达州的沙漠中爆炸。在曼哈顿计划实现之前，法国的核计划可以说是当时世界上最先进的。

1940 年，弗雷德里克·约里奥－居里将他的合作伙伴哈尔班和科沃斯基送去英国，并携带着他们的研究资料和重水。

战后十分活跃的职业经历

弗雷德里克·约里奥虽是法国共产党党员，但在戴高乐将军的支持下成立了原子能委员会。自 1947 年起，领导法国第一个核反应堆——佐埃堆的建设。

1946 年，伊雷娜·约里奥－居里在成为镭研究所的主任后，与她的丈夫弗雷德里克一起参与了原子能委员会的成立工作。弗雷德里克还担任了委员会的高级专员。她继任了母亲的职位，但是也不幸患上了白血病，于 1956 年逝世。

弗雷德里克·约里奥与法国原子能委员会研究团队一起，在丰特奈－欧罗斯的研究中心建立了实验堆。1948 年起，该反应堆投入使用，1953 年功率增加至 150 千瓦。

弗雷德里克·约里奥成为世界和平委员会主席，并于 1950 年获得斯大林和平奖。他呼吁禁止使用原子弹，但拥有佐埃反应堆的法国与致力于制造氢弹（自 1949 年起，原子弹便投入了试验）的苏联很难在此事上达成一致。弗雷德里克·约里奥－居里在妻子死去两年后，于 1958 年因放射性导致的肝病逝世。

梅里埃家族与疫苗的生产

马塞尔·梅里埃（Marcel Mérieux）是梅里埃帝国的创始人，也是路易·巴斯德的学生和后继者，因此受到路易·巴斯德良好创新氛围的熏陶。他很早就明白了没有必要将兽医学与人类医学区分开来。他在梅里埃研究所一点一点灌输人类和兽类疫苗接种的重要性。他的儿子夏尔在全球范围内推广位于里昂的梅里埃公司，发展人道主义组织"生命力量"，成立了梅里埃基金会，接着将梅里埃研究所与巴斯德研究所合并，后来又与康诺思公司合并，最后被安万特公司收购。

马塞尔·梅里埃的孙子阿兰·梅里埃进一步发展了家族企业，成立了生物梅里埃公司，并且正在将火炬传递给儿子亚历山大。

巴斯德的学生马塞尔·梅里埃

马塞尔·梅里埃是里昂丝绸厂厂主的儿子，毕业于巴斯德的亲戚儒勒·劳林创立的里昂工业化学学院，随后前往德国的卡尔－费森尤斯公司，该公司是染料行业的龙头企业。回到里昂后，劳林将他介绍给在巴斯德研究所工作的埃米尔·鲁克斯①，由此他进入了巴黎微生物学界。他认

---

① 埃米尔·鲁克斯（Émile Roux, 1853—1933），法国医生，细菌学家和免疫学家，开辟了微生物学领域，是路易斯·巴斯德最亲密的合作者之一，同时也是巴斯德研究所的创始人之一。——译者注

真观察着专业学习过程中出现的奇迹，从母鸡的霍乱疫苗到小约瑟夫·迈斯特[1]接种狂犬疫苗，他明白人类医学与兽医学是密不可分的。他彻底弄清了血清和疫苗的区别，这成为他未来发家致富的基石。同样，他还明白了在医院和实验室采取卫生措施极为重要，成了杀菌法的坚定拥护者。

回到里昂后，在主官医院的兽医亨利·卡雷的帮助下，他首先成立了一个实验室。卡雷希望继续从事研究工作，于是离开了实验室。之后，马塞尔·梅里埃于 1897 年成立了梅里埃生物研究所。该研究所专门筛查结核病、白喉、破伤风、伤寒和产褥热。从那时起，他生产科赫[2]发现的结核杆菌素，用于检测结核病。与此同时，他和朋友雷内·莱里什[3]一起开设了第一批细菌学课程。第一次世界大战前不久，他获得了生产许可证，得以将人体使用的抗破伤风血清投入生产。

第一次世界大战摧毁了一切，但战后他用父亲的遗产在马西莱－图瓦勒[4]购买了 20 多公顷土地，饲养了一些用来生产血清的动物——马。接着，他又在位于市政厅附近的布尔拉街重建了实验室，实验室设立在他的兄弟于战前转让给他的私宅中。

工业扩张

战争结束后，执政当局的首要任务是抗击结核病。学校里通过皮试进行系统性的筛选，就是在儿童的皮下注射微量结核菌素。如果出现了严重的皮肤反应，就表明体内有结核杆菌。

梅里埃生物研究所不断开发结核菌素的生产，直到后来发明了卡介苗。研究所设立了恒温房，在合成培养基中对制造结核菌素所需的科赫结核杆

---

① 世界上第一支狂犬疫苗接种者。——译者注

② 科赫（Robert Koch，1843—1910），德国医学家，诺贝尔生理学或医学奖获得者。——译者注

③ 雷内·莱里什（René Leriche，1879—1955），法国著名外科医生。——译者注

④ 马西莱－图瓦勒，法国里昂大都会的一个市镇，属于里昂区。——译者注

菌进行培养。

1926 年，里昂地区的牛群感染了严重的口蹄疫，马赛尔·梅里埃成立了口蹄疫血清治疗机构，这是除了兰斯岛的德国研究所外，欧洲唯一一家此种类型的机构[①]。

不过，马西莱 - 图瓦勒的实验室只有 12 头牛被感染隔离，并且只是在室外进行饲养。从这些牛身上抽取的血液可以制作抗口蹄疫血清。当地动物流行病的传播也得到了控制。之后，第一批血清和兽用疫苗出口到了阿根廷和西班牙。

马塞尔·梅里埃没有放弃为无菌消毒法进行斗争，事实证明他胜利了：英国的著名外科医生安东尼·庞塞特决定在手术室中进行灭菌消毒。

夏尔子承父志

自 1937 年马塞尔·梅里埃逝世之后，他的儿子夏尔接过研究所的管理权。第二次世界大战期间，他增加了抗破伤风血清的生产，供应法国抵抗运动。战后，他又开始开发接种抗破伤风血清用的一次性注射器（从美国引进），还生产了大量预防脊髓灰质炎和百日咳的疫苗。法国口蹄疫研究所成立后，他成了兽医医学领域中全球著名的口蹄疫疫苗专家。

1967 年，夏尔·梅里埃博士成立了梅里埃基金会，1976 年该基金会成为公共机构。在梅里埃基金会的基础上，夏尔·梅里埃与陆军卫生学校合作，于 1983 年成立了人道主义机构"生命力量"。

夏尔·梅里埃先是于 1957 年在里昂参与了国立应用科学学院的成立，后又于 1965 年参与了世界卫生组织国际癌症研究中心的成立。1974 年，他参与了一项紧急计划，顺利为 1 亿巴西人接种了脑膜炎疫苗。这一特别举措便是"生命力量"组织成立的根源。

---

① 兰斯岛位于德国，有德国最古老的病毒研究机构——弗里德里希·勒夫勒研究所。——译者注

夏尔的儿子阿兰接棒

面对疫苗和血清产业在全球范围内的集中趋势，夏尔·梅里埃让梅里埃研究所与巴斯德研究所合作，成立巴斯德－梅里埃研究所，1989年，又并入加拿大的康诺实验室。梅里埃集团成为全球疫苗生产领域新的领头羊，先后更名为安万特－巴斯德和赛诺菲－巴斯德，"梅里埃集团"似乎渐渐被它的创始人遗忘。

然而，夏尔·梅里埃在2001年逝世之前，又重启了一项家族产业——1963年成立的生物梅里埃。生物梅里埃专攻体外诊断，其被转交给夏尔的儿子阿兰后，陆续收购了转基因公司、斯利克公司和先进生物科学实验室，得到了极大的发展。梅里埃营养科学公司和梅里埃发展公司也相继成立。

2014年，亚历山大·梅里埃在两个哥哥克里斯托夫和鲁道夫车祸死亡后，接过了生物梅里埃公司的火炬。

夏尔·里歇与过敏反应

夏尔·里歇（Charles Richet）是一名大学哲学教授，他发现了过敏性反应（抗原进入已经接受过相同敏感源的体内时所发生的应激性异常敏感症状），因此于1913年获得了诺贝尔生理学或医学奖。

超心理学专家

里歇出生于1850年，这位哲学教师在多种传统职业领域里都曾激起广泛议论。作为法国科学院院士、航天业的先锋人士、超心理学的坚定捍卫者和狂热的和平主义者，他在打破免疫性神圣原则上也毫不犹豫，既反对巴斯德，也不同于科赫。1888年，他提出被动免疫的转移法则，并将之定义为"通过向另一个动物注射已经获得免疫的动物的血液，可以在二者间实现免疫的转移"。他对超自然世界，尤其对通灵者的超心理现象十分感兴趣。

发现过敏反应

这一切开始于 1901 年的巴黎医学院。实验本来计划是给一条名叫"海王星"的小狗多次注射从海葵和海蜇身上提取出来的毒素，以观察其耐毒性免疫反应。然而，小狗没能抵抗住毒素的侵袭，在第二次注射后死亡。令人费解的是，尽管第二次注射的剂量远比第一次少，但小狗丝毫没有产生预期的人工耐毒性免疫反应。于是 1902 年，夏尔·里歇写道："即使第二次给动物注射胶体物质剂量少于第一次注射时的最小致死量，也会导致死亡。"这便是，表现为血压骤然下降的过敏性休克。过敏反应可以定义为一种由抗原诱发的过敏加剧现象。一个更加浅显易懂的解释是：多次使用毒素会使身体过敏而不会起到预防的作用。

里歇的研究工作不仅为血清疗法奠定了基础，并且无疑为过敏性疾病的治疗打开了一扇窗。

1913 年获诺贝尔奖

1913 年，科学界授予他诺贝尔生理学或医学奖。里歇并未停止在超心理学领域的研究，成立了国际超心理学研究所。第一次世界大战爆发前夕，里歇仍在宣扬不被看好的纯洁而坚定的和平主义，他固执己见，跨过欧洲大陆抵达俄国，设法说服主要参战国停战。他不惧挑战，毫不犹豫地跨越了医学研究的所有限制。之后，他一直在科特－圣安德烈医院问诊，研究炮弹给法国士兵留下的心理阴影……1935 年，里歇逝世。

维克多·格林尼亚、保罗·萨巴捷与有机合成

维克多·格林尼亚（Victor Grignard）和保罗·萨巴捷（Paul Sabatier）

二人都是有机化学教授，他们任教的学校一北一南。二人虽素不相识，但共同获得了 1912 年的诺贝尔化学奖。格林尼亚专门研究试剂反应，萨巴捷则专注于某些元素具有的催化作用。

素不相识的两位诺贝尔奖共同得主

由于位于斯德哥尔摩的评审团无法确定该将奖项颁发给维克多·格林尼亚还是保罗·萨巴捷，于是两人在同一年（1912 年）被授予诺贝尔奖。他们二人都是化学家，但从未在工作上有过合作，甚至素不相识。

维克多·格林尼亚是瑟堡 ① 兵工厂工人之子。他学习成绩优异。1906 成为教授，在里昂大学教授有机化学，后于 1910 年调任到南锡 ②。保罗·萨巴捷则年长许多，曾就读于巴黎综合工科学校和巴黎高等师范学院，后来又考取了化学教师资格。他曾经做过马塞兰·贝托洛 ③ 的助教，后来在图卢兹 ④ 大学任教。

两项截然不同的发现

维克多·格林尼亚和保罗·萨巴捷确实都参与了有机合成这项伟大发明。格林尼业发现了有机镁化合物，也称格氏试剂，其中的碳原子与镁原子相连形成共价键，为制造（聚）硅酮和醇类开辟了道路。保罗·萨巴捷发现油在催化加氢的过程中如遇细碎的金属粉，会合成大量碳氢化合物。

太空探索的先驱——保罗·萨巴捷

保罗·萨巴捷在南方的图鲁兹大学任教，因发现几种元素的催化作用

---

① 法国西北部港口城市。——译者注

② 法国东北部城市，洛林大区默尔特 - 摩泽尔省的省会和该省最大的城市。——译者注

③ 马塞兰·贝托洛（Marcelin Berthelot，1827—1907），法国著名有机化学家、社会活动家。——译者注

④ 法国西南部大城市，南部 - 比利牛斯大区上加龙省省会。——译者注

而闻名于世。1897 年，他发现了"萨巴捷反应"，成功证明：在高温和高压的条件下，以镍催化，氢气和二氧化碳发生反应后生成水和甲烷，且反应效率也随之提高。这种反应对于未来探索星际旅行起到了不可估量的作用。未来，宇航员在探索火星的旅程中不能自己携带碳氢燃料（因为火箭本身已经十分沉重），但他们可以就地取材，在火星上直接制作。换句话说，二氧化碳，特别是存在于火星大气层中的大量二氧化碳，可以转换为甲烷，作为返回地球所需的燃料。

勒内·洛林、勒内·勒杜克与冲压式喷气发动机

勒内·洛林（René Lorin）第一个提出了冲压式喷气发动机的概念，其原理是由喷尾管内燃烧的气体提供推力，但是不可避免地遇到了发动机入口处气流速度的问题。而勒内·勒杜克（René Leduc）开启了喷气式飞机的时代。勒杜克 010 型飞机是第一架出色完成了试飞的冲压喷气式飞机。然而，国家最终选择支持另一位飞机设计师马塞尔·达索[1]的研究，因此冲压式发动机仅局限于应用在超高速领域。

喷气式航空发动机

1909 年，法国飞行家布莱里奥成功实现了驾驶飞机飞越英吉利海峡这一壮举。4 年后，法国工程师勒内·洛林在《航空爱好者》杂志上发表了一篇文章，在文中描述了他 1905 年就已开始构想的冲压式喷气发动机。这是一种保证压缩和燃烧循环进行的推进装置，不需要任何活动部件。这一装置的设计很简单：推进器是一根两端开口的管子，管内注满了与空气混合的燃料。点火装置点燃混合物，燃烧时会产生热气。热气燃烧加速，并降

---

[1] 马塞尔·达索（Marcel Dassault，1892—1986），法国达索飞机制造公司创始人、法国飞机设计师。——译者注

压膨胀，在反应器的另一端即尾喷管产生推力，压力差则保障了强劲动力的产生。这样，热能便转化为动能。

这种热推进尾喷管只有在管道入口处的空气速度达到至少每小时200千米才能工作，也只有在这个时候，气体压缩得才足够充分。当然，在1913年，还没有任何飞机能够达到如此快的速度。如此一来，勒内·洛林设想的装置便无法进入实现阶段。特别是喷气式发动机至少存在着另一个问题——反应器中的燃烧质量。虽然他提前采用了喷油冠齿轮，但保证燃烧的质量同时取决于反应器的形状和喷油器的设计，这一点极不容易实现。

罗马尼亚人亨利·康达发明了第一架喷气式飞机

1910年，罗马尼亚工程师亨利·康达发明了第一架喷气式飞机。他进行了一次试飞，但不幸撞到了墙上。这架飞机的喷气式发动机推力有220千克，被安装在一架木制飞机的机头部分。

这位工程师发现了康达效应，因此明白物理流体有紧贴发动机内壁的趋势，这一点是至关重要的。

1935年，康达制造了一架小型铝制飞机，呈长方形飞碟状，底部有一个开口，下面的气流由此进入。机器快速上升，撞裂了车间的天花板，然后坠毁在田野里。

勒内·勒杜克追随勒内·洛林的步伐

勒内·勒杜克出生于1898年，毕业于高等电力学院，获得了工程师文凭。1923年，勒杜克进入路易·宝玑①工作坊。他对热力学和材料力学充满热情，并为此投入了所有的闲暇时间。他并不知道洛林的研究，但却取得了与洛林相同的成果，并于1933年获得了专利。就在那时，他惊奇地知

---

① 路易·宝玑（Louis Breguet，1747—1823），著名钟表大师，陀飞轮的发明者。——译者注

道了洛林的实验，尝试与洛林联系，但这位法国工程师刚刚去世了。这并不妨碍勒内·勒杜克向这位不幸的先驱致敬。1936 年，他首次展示了尾喷管中压力的效能。空军对他的研究成果十分感兴趣，于 1937 年向他订购了一架飞机样机。在路易·宝玑的支持下，他开始制造全尺寸飞机。

1940 年 6 月，德军占领法国，他不得不将研究团队的 15 名成员转移到图鲁兹。在那里，为了不引起德国占领政权的注意，他万分谨慎，缓慢地继续他的研究工作。飞机即将完工的时候，他所在的位于蒙托德兰的工厂却遭到了轰炸。但至少，勒杜克避免了这架飞机落到德国人手里。1945 年，一切又从零开始，终于他在 1949 年成功制造了一架新飞机。

首批喷气式飞机飞行

勒杜克 010 是第一架飞翔在法国天空的冲压喷气式飞机。该机型性能十分出色，尤其是在爬升速度方面。于是，国家向勒内·勒杜克订购并资助了一些新型飞机，如勒杜克 016、021 和 022。勒杜克 022 原型机的推进设备是涡轮冲压混合喷气式发动机，因此能够实现自主起飞（喷气式飞机最大的障碍便是无法自主起飞，必须要从运送装置上进行投放或将飞机弹射出去）。飞机的飞行速度达到了声速但却无法超越。

勒内·勒杜克没能成功解决一些难题，尤其是材料的耐热性、明显的震动和冲压式发动机的重量（为提高推动力，飞机上装备了多级发动机）。

后来，法国政府也许苦于财政拮据，让勒杜克机型与法国北方飞机制造公司的"三叉戟"和"狮鹫"进行竞争，双方鹬蚌相争，而达索的幻影最终坐收渔翁之利，获得了法国政府的支持。

冲压式发动机和勒内·勒杜克的活动仍未终结

北航和南航坚持研发冲压喷气式发动机，希望能够达到比 3 倍音速还快的超音速。因此他们设计了由冲压喷气式发动机提供动力的战术导弹，只需普通的火药便可提供加速。马拉特导弹公司的中程空对地导弹也配备了这种发动机。战机上安装的还是冲压发动机导弹。在超高速领域，冲压式喷气发动机仍拥有广阔的前景。

至于勒内·勒杜克本人，在所有的政府合同被取消后，转而专心研究更精尖的技术，如伺服系统和液压伺服控制。他将公司更名为力度克，在默尔特－摩泽尔省建立工厂，雇用了几百名员工。1968 年，这位伟大的发明家与世长辞。

卡尔梅特和介兰——结核病"卡介苗"的发明

阿尔伯特·卡尔梅特（Albert Calmette）和卡米尔·介兰（Camille Guérin）都在位于里尔的巴斯德研究所工作。自 20 世纪初，两人便开始合作。他们发现了预防结核病的疫苗——卡介苗，该疫苗的名称便取自二人姓名的首字母。尽管在德国吕贝克发生了一起疫苗事故——吕贝克灾难（责任归咎于当地的医生），但疫苗被证实是完全安全的。介兰以医学科学院主席一职结束了他辉煌的职业生涯。

阿尔伯特·卡尔梅特令人瞩目的国际职业生涯

阿尔伯特·卡尔梅特于 1861 年出生在尼斯，学习成绩优异。他曾就读于巴黎的圣路易高中，在布雷斯特海军医学院学习，后来又进入了法国海军军官学校。在香港时，他对疟疾研究产生了浓厚兴趣。25 岁时，以此为主题的博士论文顺利通过答辩后，他继续在海外游历，先后去了圣皮埃尔、密克隆、加蓬和刚果。1890 年，他回到巴黎，进入埃米尔·鲁克斯博士的研究室（埃米尔·鲁克斯从 1904 年起领导巴斯德研究所，研制了首支抗白喉血清，从而开创了血清疗法）。巴斯德亲自委托卡尔梅特在西贡建立了第一家生产狂犬疫苗的研究所。

在越南时，他对一门新的学科——毒理学产生了兴趣。这位巴斯德的手下迅速反应过来：这门学科与免疫学有着紧密的联系。他认真研究毒物和毒液，建立了狂犬病研究所，在此基础上扩大了狂犬疫苗的生产，并加入了天花疫苗。同时，他还对霍乱进行研究。这位学识渊博的科学家于1894 年回归法国本土。就在那时，他从早已接种过疫苗且因此产生免疫的马血清中，成功制造出第一批预防蛇咬伤血清。他与耶尔森[①]关系密切，一起合作开发了鼠疫血清。1901 年，他成立了第一家治疗鼠疫的诊所，接着先后在北方联盟和阿尔及尔开设了分诊部。

兽医卡米尔·介兰

卡米尔·介兰 1872 年出生于维埃纳省。父亲是一名市政工程承包商，在他 10 岁时就去世了。他的母亲与一位兽医再婚，这位继父为他的整个人生指明了方向。1892 年，他进入迈森 - 阿尔福特兽医学校，四年后取得博士学位。在学校里，他跟随著名的动物微生物疾病专家埃德蒙·诺卡德学习（正是诺卡德发现结核病之所以传播到人类身上，是由于他们摄入了牛肉制品）。

次年，他进入位于里尔的巴斯德研究所，然后着手准备蛇毒血清和天花疫苗。他为天花疫苗的生产贡献了智慧，这也为他赢得了医学科学院的表彰。

1905 年，他与卡尔梅特密切合作，不仅成功提高了对于天花疫苗质量的把控，而且这一工作成果还使他再次受到了嘉奖。

结核疫苗

1882 年，德国微生物医学家罗伯特·科赫发现了结核病的病原——一种结核分枝杆菌，后以他的名字命名。

而在卡米尔·介兰和阿尔伯特·卡尔梅特这边，他们正试图开发一种

---

① 亚历山大·耶尔森（Alexandre Yersin，1863—1943），法国医生和细菌学家。他是鼠疫杆菌的发现者之一。——译者注

疫苗来对抗这种恐怖的疾病。1906 年，他们证实该病与血液中的结核杆菌有关。他们在含有胆汁的培养基中观察到，结核杆菌的毒性逐渐消失。但由于里尔被德军占领，所有的实验都被迫中止。1914 年，阿尔伯特·卡尔梅特因兄弟加斯东去世而悲痛万分。加斯东是《费加罗报》的主编，被亨丽埃特·卡约 [1] 谋杀身亡。第一次世界大战结束后，研究工作才得以重启，先前的设备或是被偷走，或是被毁坏。

两名医学家回归到战争之前采用的巴氏灭菌法。他们通过持续移种菌株不断更换培养基，努力使菌株的毒性降低。经过 230 次更换后，终于在 1921 年获得了减毒菌株。接着他们开始进行试验，首先自然是在牛身上进行，因为他们获得的是牛的减毒结核杆菌。后来，他们将试验延展到其他动物身上。最终，新生婴儿在巴黎慈善医院成功接种了结核病疫苗。

1917 年，卡尔梅特被任命为巴斯德研究所的副所长，第一次世界大战后，介兰成为研究所的负责人。

显著困难

然而，他们的面前还有重重困难。虽然自 1924 年起，政府便下令推广新生儿接种卡介苗（该结核病疫苗以两位发现者的名字命名）。但 1930 年，在德国吕贝克，72 位接种了疫苗的儿童还是因感染结核病而死亡。奥斯陆国际会议表明了对卡介苗的充分信任。最终调查表明，是吕贝克的医生犯下了重大过失，他们因此被判入狱。巴斯德研究所与本次事件毫无关系。

卡尔梅特于 1919 年入选医学科学院，他因受到吕贝克事件的严重打击，于 1933 年逝世。卡米尔·介兰在巴斯德研究所任结核病部门主任，于 1935 年入选医学科学院。1951 年，介兰成为医学科学院主席，1955 年与

---

[1] 亨丽埃特·卡约（Henriette Caillaux，1874—1943），巴黎社会名流，法国前总理约瑟夫·卡约（Joseph Caillaux）的第二任妻子。1914 年 3 月 16 日枪杀了《费加罗报》主编加斯东·卡尔梅特（Gaston Calmette）。——译者注

世长辞。

布歇·德·彼尔特——史前学的开创者

布歇·德·彼尔特（Boucher de Perthes）成为法国第一位真正意义上的古生物学家，这绝不是本就注定好的。他在阿布维尔①地区主持的发掘工作使他了解到人类很早以前便出现在地球上，然而在此之前我们一度将人类出现的时期确定在公元前 4 000 年前后。

1788 年，布歇·德·彼尔特出生在勒泰勒市②附近，是法国最早的一批史前学家之一。他的父亲是阿布维尔海关局局长。他在父亲手下做检查员。这片地区的地层以泥炭和沙土为主，有利于化石的保护。不论是由土木工程师还是军队主持的重大公共工程，都使得一些重要遗迹陆续重现天日。检察官特劳莱、神父拜伦和医生皮卡德等几个重要人物在此进行发掘工作。他们收集到了一些化石和燧石器具。

布歇·德·彼尔特确定人类出现在地球上的年代十分久远，因此将以更为系统的方式进行发掘工作，并创立史前科学。

在意大利居住很长一段时间后，他于 1824 年回到阿布维尔。他发表的著作数量众多，且风格迥异，对于这座接纳他的城市尽心尽力，因此成为阿布维尔竞争协会主席。

首批工程

与皮卡德③博士成为朋友后，他建立了一座博物馆，随后出版了一部 5

---

① 法国北部城市，位于上法兰西大区索姆省。——译者注
② 法国东北部城市，位于大东部大区阿登省。——译者注
③ 皮卡德（Charles Picard，1856—1941），法国数学家。1877 年毕业于巴黎高等师范学院，获得博士学位。——译者注

卷本的巨著——《创世纪》。在书中他进一步发展了与乔治·居维叶^①相似的思想，后者曾制定出一套动物分类法并创立了古生物学。和乔治·居维叶一样，彼尔特确定人类出现于十分远古的时代，与其他大型哺乳动物和冰川洪水时代曾处于同一时期……

自1837年起，他在波特莱特遗址^②进行发掘工作。除了几年前发现的两个石斧，这次他还成功地收集了许多石器和兽角制品。

史前圣地——门舍库尔

自1840年起，他在阿布维尔附近的门舍库尔开启研究工作。1844年，他在最古老的地层中发掘出燧石工具和大型哺乳动物的遗骸，他推测这些物品的历史可以追溯到更新世时期（第四纪）。他发掘出的并非是光滑漂亮的石制斧形工具，而是旧石器时代的两面器，可能要追溯到第三纪末而非第四纪。

终身事业

自1846年起，布歇·德·彼尔特开始发表他的研究结论。他的作品（于1847年出版）也以此为名：《凯尔特人与诺亚洪水前古物》。他在书中确定并试图证明人类自更新世即第四纪初期便已存在。事实上，他的判断是错误的，因为第四纪的旧石器时代晚期仅可追溯到25000年前。众所周知第四纪大约始于公元前165万年。事实上，布歇·德·彼尔特混淆了第四纪的两个时期：出现在公元前约10 000年的更新世和更远古的全新世。

但是最根本的问题是，他改变了地质年代。在他介入这一问题之前，

---

① 乔治·居维叶（Georges Cuvier，1769—1832），18—19世纪著名的古生物学家。提出了"灾变论"，是解剖学和古生物学的创始人。——译者注
② 位于阿布维尔附近。——译者注

人们普遍认为人类出现在公元前 4 000 年。而布歇·德·彼尔特认为人类出现在大洪水时代之前，并曾与许多已经灭绝的动物生存于同一时期。他还认为，索姆河谷的动物群落已经发生了深刻的演变，因为这里发现了河马和大象的踪迹。由此他还预测到地球上曾经有交替进行的气候大变化：冰川期、间冰期甚至极热带期。

当时，科学界没有料想到他得出了如此结论，布歇·德·彼尔特不幸遭到某些地质学家的攻诘，如莱昂斯·埃利·德·博蒙特[①]。而 1864 年，拉雷特在多尔多涅省的玛德莱娜石穴内发现了猛犸象的图画，证明了布歇·德·彼尔特的猜想极为客观。

1863 年

1863 年，在穆兰 – 奎尼翁[②]采石场中，布歇·德·彼尔特在一位工人的指引下，亲自挖掘出一块旧石器时代的人类下颌骨，这一发现的年代通过附近发掘的其他文物便可推测出。虽然这一事件的真实性令人怀疑，但是彼尔特对于年代的推定是准确的，他还因此被拿破仑三世亲自接见。

彼尔特发现的许多文物碎片如今都被珍藏在圣日耳曼德佩博物馆中。

让·佩兰和物质的分子结构

让·佩兰（Jean Perrin）因发现物质的分子结构于 1926 年被人民阵线任命为科学研究部副部长。他是两个重大项目的发起者：建造探索皇宫和成立法国国家科学研究中心（CNRS）。

---

① 莱昂斯·埃利·德·博蒙特（Léonce Élie de Beaumont，1798—1874），法国地质学家。——译者注
② 位于阿布维尔附近。——译者注

熠熠生辉的职业生涯

让·佩兰是军人之子，来自里尔，取得了巴黎高等师范学院的理科教师资格和理学博士。很快，他便把原子作为了研究重点。佩兰早在 25 岁时，前往赛夫尔高等师范学校任教前，便证明了电子的存在（证明阴极射线是由带负电荷的微粒构成）。1908 年，他说明了几克物质中所含的原子数量，精准地确定了阿伏伽德罗常数的数值，因此为原子的存在提供了无可辩驳的证据。

1910 年，他还担任了巴黎科学机构的物理化学教授。

第一次世界大战期间，让·佩兰进入军队担任技术军官。1923 年，进入法国科学院。次年，他遇到了波动力学先行者路易·德布罗意。

1926 年获诺贝尔奖

实际上，路易·德布罗意在进行论文答辩时，年长 22 岁的让·佩兰正好是答辩委员会成员。佩兰于 1926 年获得了诺贝尔物理学奖，随后路易·德布罗意于 1929 年也获此殊荣。德布罗意的波动力学理论颠覆了物理学，而佩兰所捍卫的物质分子结构理论很快就成了科学界的共识，影响更为广泛。佩兰对分子布朗运动[①]进行研究，并为此提供了新的论据。他的理论使分析未受力粒子的轨迹成为可能。这个发现不可小觑，气体动力学理论由此确立。

探索皇宫和法国国家科学研究中心

被人民阵线政府领导人莱昂·布鲁姆[②]任命为科学研究部副部长后，佩兰拿下了两个重大项目：一是建造探索皇宫，即巴黎大皇宫的西翼，作为

---

① 罗伯特·布朗（Robert Brown）描述了微粒在流体中的无规则运动。——译者注

② 安德烈·莱昂·布鲁姆（André Léon Blum，1872—1950），法国政坛温和左派的代表人物和三任法国总理。1936—1937 年成为人民阵线联合政府的领袖，是法国第一位社会党籍（也是第一位犹太人）总理。——译者注

1937 年万国博览会的展厅，占地面积达 25 000 平方米；二是于 1939 年 10 月在战争阴云下成立法国国家科学研究中心。该机构由先前的国家科研基金和国家科研与发明署两大机构合并而成。

纽约法兰西大学校长

1940 年至 1942 年，让·佩兰在纽约度过了他人生的最后两年：他在那里担任法兰西大学的校长。佩兰去世 6 年后，1948 年 11 月 11 日，他的遗体被葬入先贤祠，全法国人民向他致以最后的敬意。

路易·维克多·德布罗意——波动力学先行者

路易·维克多·德布罗意（Louis Victor de Broglie）出生于一个显赫的家庭，并且才华横溢。他基于量子理论，在物质与光之间建立了联系。这一波动力学的论断，认定电子既是波又是微粒。换言之，量子物理学被成功论证。1929 年，他被授予诺贝尔物理学奖。

显赫世家的后裔

这位才华横溢的科学家于 1882 年出生在迪耶普①的一个显赫世家，家族中曾出过公爵和部长。其中最有名的人物有 1734 年打败奥地利人的法国元帅弗朗索瓦-玛丽，"七年战争"中路易十五麾下的法国元帅维克多-弗朗索瓦，在法兰西第三共和国总统麦克马洪的政府中担任内阁总理的阿尔贝尔，以及物理学家、法国科学院院士、X 射线的发现者之一莫里斯。

---

① 迪耶普，又译第厄普或迪埃普，法国北部城市，位于诺曼底大区滨海塞纳省。——译者注

不拘一格

德布罗意与其他科学家不一样，他对历史有着坚定不移的热情。第一次世界大战期间，他响应号召，成了埃菲尔铁塔的电报员，对粒子萌生了兴趣。

量子论

1924 年，他撰写了关于量子理论的博士论文。该理论由马克斯·普朗克[①]于1900年提出。论文中的假说明确指出光以能量包和光子的形式存在。

他凭借出色的直觉，将波与粒子也就是电子联系起来。具体说来，这表明物质和光是有相关性的。换言之，电子束可以像光束一样移动，不同之处在于它们的波长不一样。电子的波长是光的波长 10 万分之一，更准确地说，光子是可见的。

开启无穷小的世界

光学显微镜的放大倍数是 1 000 倍到 2 000 倍，而电子显微镜则为约 200 000 倍。不言而喻，我们最终找到了通往无穷小世界的大门。这是一次彻底的革命，让人们得以在无穷小的细节中探索物质及其结构。

要成功研制电子显微镜，首先必须要制造一束电子，然后沿着光线的轨迹进行加速。1931 年，德国人克诺尔[②]和鲁斯卡[③]制造了第一台电子显微镜：但是仅仅放大了 12 000 倍……1945 年，人们造出了能够放大 100 万

---

① 马克斯·普朗克（Max Planck，1858—1947），德国著名物理学家，量子力学的重要创始人之一。1918 年获诺贝尔物理学奖，与爱因斯坦并称为 20 世纪最重要的两大物理学家。——译者注

② 马克斯·克诺尔（Max Knoll，1897—1969），德国电气工程师，电子显微镜的发明者。——译者注

③ 恩斯特·鲁斯卡（Ernst Ruska，1906—1988），德国物理学家，电子显微镜的发明者，1986 年获诺贝尔物理学奖。——译者注

倍的电子显微镜!

波动力学

这一理论在物质与光线之间建立了联系，并肯定了电子的波粒二象性，为奥地利人薛定谔[1]发展波动力学奠定了基础。这是与牛顿力学的彻底决裂。波动力学支持者认为，人们无法在空间中确定粒子的位置，只能确定它位于某一区域的概率。薛定谔所定义的这一波动力学引入了量子的数目，量子物理学便由此概念衍生而成。

令科学界折服

在 1927 年的第五届索尔维会议[2]上，科学界对于德布罗意的到来嘘声一片，只有爱因斯坦和薛定谔支持他。然而，戴维森和革末的量子力学实验为德布罗意提出的革命性观点提供了不可否定的证据。[3]

1929 年，这位科学家最终获得了诺贝尔物理学奖，并于 1933 年入选法国科学院，时年 41 岁。

荣耀时期

这位波动力学之父随后发表和出版了许多文章和书籍，包括《物质与光》和《科学之路》。当他入选法国科学院时，只有 17 位院士为他投票，

---

① 埃尔温·薛定谔（Erwin Schrödinger，1887—1961），奥地利物理学家，量子力学奠基人之一，发展了分子生物学。1933 年获诺贝尔物理学奖。由他所建立的薛定谔方程是量子力学中描述微观粒子运动状态的基本定律，在量子力学中的地位大致相似于牛顿运动定律在经典力学中的地位。——译者注

② 20 世纪初由比利时实业家欧内斯特·索尔维创立，对物理、化学领域进行讨论。1911 年，第一届索尔维会议在布鲁塞尔召开，以后每 3 年举行一届。——译者注

③ 戴维森－革末实验是美国物理学家克林顿·戴维森与雷斯特·革末设计与研究成功的一个量子力学实验：用低速电子入射于镍晶体，取得电子的衍射图案。该实验发表于 1927 年，为德布罗意假说（所有物质都具有波的性质，即波粒二象性），提供了不可否定的证据。因此，戴维森获得了诺贝尔物理学奖。——译者注

而所要求的票数为 20。这是因为在第二次世界大战中，法国科学院院士死的死、逃的逃，所有幸存下来的 17 位院士都为他投了票。

1961 年，路易·维克多·德·布罗意被授予荣誉军团大十字勋章。1987 年，他离开人世，享年 95 岁。

亨利·赛利埃与社会住宅革命

从共产党到社会党

亨利·塞利埃（Henri Sellier）出身工人阶级，最初加入了社会党，对工人在郊区的居住问题十分关心。1919 年，他先是被选为叙雷讷① 社会党总参议员，随后他加入了共产党，被选为市长，又于 1924 年离开共产党。回到工人国际法国支部后，他追随人文主义者阿尔伯特·托马斯②，被任命为塞纳省廉价住房管理办公室主席。在多次获取土地后，他在巴黎周边地区开展了两项大规模的城市建设工程。第一项工程从 1919 年到 1928 年，建造了一些小型公寓楼和独院住宅（因此被称为花园城市）。第二项工程始于 1928 年，一直持续到法国人民阵线上台。与第一项工程不同的是，这次建造的是集中住宅，高耸狭长，有些建筑甚至像塔楼一样，例如在沙特奈－马拉布里③。

塞利埃在 1936 年胜出的人民阵线政府担任公共卫生部部长。1941 年，他被维希政府罢免市长一职，于 1943 年逝世。

---

① 法国法兰西岛大区上塞纳省市镇，位于巴黎西郊，塞纳河左岸。——译者注

② 阿尔伯特·托马斯（Albert Thomas，1878—1932），著名的法国社会主义者，第一次世界大战期间法兰西第三共和国的第一任军备部长。根据《凡尔赛条约》，任命他为国际劳工组织第一任总干事，直到 1932 年去世。——译者注

③ 法国法兰西岛大区上塞纳省市镇。——译者注

法国社会住房的发展

1894 年，儒勒·西格弗里德，一位阿尔萨斯的老板发起倡议，使第一部为工人阶级建造体面住房的法律获得通过。这项由个人发起的立法创议，旨在稳定工厂的工作人口，同时优化员工的工作表现。廉价住房就是这样产生的。在《斯特劳斯法案》授权市政当局参与廉价住房的融资后，国家决定为这些举措提供一个明确且具有鼓励性的法律框架。于是《博纳韦法案》于1912 年通过。自此以后，市政当局有权成立廉价住房公司和公共管理处。

直到第二次世界大战结束，这些公共管理处才得以发展起来。

花园城市

亨利·塞利埃的公共管理处实施了一个城市规划项目，在巴黎地区及周边的几个市镇，如叙雷讷、德兰西、亚捷、热讷维耶、勒普莱西罗班松、迪尼、斯坦和佩圣热尔维，建设了花园城市和花园街区，共计新建住房 2 000 间。

亨利·塞利埃已经想到在高质量的自然环境中建设集体设施，以促进社会融合，避免社会隔阂。

一片风光怡人的草坪中，种植着树木，有小径蜿蜒穿过，房屋朝阳而建，配备了自来水、煤气、电力等设施，甚至还安装了厕所和洗涤槽。

塞利埃想要让各个阶层的人居住在一起：不论是工人、公务员还是工程师。他为儿童建立小学，组织护士给家庭主妇上卫生课，建造配备放映设备的大礼堂，并为成年人开设讲座，以使民众都能受到教育。他还不忘进行美学教育，不论是住房正面的装饰还是摆放在户外的塞勒夫大花瓶，都能让居民接触到艺术。

这个理想的乌托邦计划成功实现了，但规模很小。想要住进这些住房的人当然不会错过：他们纷纷涌向这里，以致管理处很难进行品行调查，以作为挑选住户的标准。

板楼和塔楼

面对土地匮乏的窘境，花园城市很快演变为由板楼和塔楼组成的集体住宅。20世纪30年代，由于资金短缺，亨利·塞利埃决定提高住宅项目的人口密度。

于是在叙雷讷、勒普莱西罗班松和夏特奈－马拉布里，高大狭长的住宅楼侵占了美景。这些楼栋实行标准化建造，现场预制框架。每一个门框均采用标准化规格，只需安装上即可。

1936年，在原有的2 000套花园城市住宅的基础上，又新建了15 000套标准化集体住房。整个第二次世界大战期间，举全国之力新建了大约20万套社会住房。

勒内·拉科斯特——从网球到短袖衬衫

勒内·拉科斯特是两次世界大战期间的法国网坛四剑客之一，最开始的时候只是个承包商。他发明的针织紧身棉料短袖衬衫上面绣有一个鳄鱼标志，之后风靡全球。拉科斯特随后又发明了金属网球拍，终结了持续几十年的木拍时代，为复合材料制造的网球拍开辟了道路。

剑客

勒内·拉科斯特出生于1904年，与亨利·谢科、尚·波罗特拉及雅各·布鲁农一同获得网球冠军，拿下1927年的戴维斯杯，赢得1925年、1927年和1929年的法国网球公开赛冠军，斩获1925年和1928年的温布尔登网球赛冠军与1926年和1927年的美国网球公开赛冠军，随后他开始考虑自己应当如何进行职业转型。

让－拉科斯特是伟大的运动员、赛艇冠军和西斯帕诺苏扎大公司的创始人，勒内是让－拉科斯特的儿子，继承了他父亲的聪明机警。他对商业的嗅觉丝毫不妨碍他有一丝丝浪漫气息。他疯狂地爱上了法国高尔夫冠军西蒙妮·蒂翁·德拉肖姆，而她是他最忠实的观众，他迎娶了她，二人育有 4 个孩子。

从 1927 年起，他获得了"鳄鱼"的绰号，因为他和法国队队长打赌能否赢下一场比赛。赌注正是一个鳄鱼皮手提箱！这个自诩战无不胜的人从此就把鳄鱼作为自己的标志。他的朋友罗伯特·乔治给他画了一只鳄鱼：很快，勒内·拉科斯特就将这个小标志绣在了自己的运动上衣上，一开始只是个吉祥物，接着很快就有了众所周知的象征意义，多项小白球冠军荣耀便为依据。

鳄鱼牌衬衫

1933 年，勒内·拉科斯特创造了他的鳄鱼品牌。他开创了一种无法复制的风格，联合特鲁瓦最大的针织品工厂——吉尔公司制作了棉料针织紧身上衣——针织保罗衫，该公司的总裁安德烈·吉列负责制造并销售产品。产品代码为 1212 的短袖紧身纯白衬衫问世，这是鳄鱼牌一次真正的革命。因为衣领和袖套处的纽扣会妨碍运动员运动，长袖的设计就此终结。

1946 年，拉科斯特重新分发产品，然后将他的品牌出口到意大利、美国等国家。最后，他增加了针织品类别，推出条纹衬衫、淡香水、太阳镜、鞋子、手表和摩洛哥皮制品。

金属球拍

1963 年，勒内·拉科斯特发明了第一个金属球拍。短短几年时间，木拍独霸网坛的地位就消失了。拉科斯特球拍是当前使用的金属和复合纤维拍的前身。1978 年，他的成功非常显著，因为他的品牌产品被 46 个网球赛冠军使用过。1988 年，他推出新一代网球拍——Equijet。法国队使用该球拍后，在10年时间内，于1991年和1996年两度获得戴维斯杯。

全球闻名品牌

鳄鱼品牌从未想过自己进行生产，一直倾向于在生产层面搞合作。鳄鱼品牌致力于抢占新兴市场：女性和青年市场。鳄鱼产品拥有大约700家专卖店，销售量超过2500万件，在1500个大型商场拥有店铺，产品覆盖109个国家。

该品牌的一款女式衬衫极其轻薄，只有230克，有白色款和彩色款，整件衬衫用20千米的棉线制成，征服了全世界。

这件衬衫的发明者、鳄鱼牌的创始人勒内·拉科斯特，于1996年逝世，由他的两个儿子贝尔纳和米歇尔执掌集团。

亚历克西·卡雷尔——39岁的诺贝尔生理学或医学奖得主

亚历克西·卡雷尔（Alexis Carrel）为人不因循守旧，表达反对的观点时毫不犹豫，在伤口缝合和器官移植领域享誉世界。在第一次大战期间，他在伤口愈合和防感染方面自有一套有效的方法，因此声名鹊起。他获得了诺贝尔生理学或医学奖，也致力于研究移植和排斥的问题。他的著作《人，难以了解的万物之灵》一书畅销全球，但是也引发了激烈的论战，这位伟大的医学家在论战中败下阵来。

独树一帜的里昂医学家

亚历克西·卡雷尔出生于里昂的一个贵族家庭。父亲在他四岁的时候就去世了，他和3个兄弟由年轻的母亲独自抚养成人。他是一个适合学医的好苗子，获得院外见习医生资格后，就应征入伍。1895年，他成为一名住院实习医生，年仅22岁。在世纪之交时，他进行了医生就职宣誓，并通过了关于恶性甲状腺肿瘤的博士论文答辩。1913 年，他与年轻孀妇玛丽 - 劳尔·佩特罗尼尔结为夫妇，并与她签订了一份道德契约。由于卡雷尔在美国工作，所以每年不得不与妻子分离 9 个月之久。因为 1914 年，他年轻的妻子在美国怀孕后想要回到法国。后来由于她失去了自己的孩子，就再也不想回到大西洋彼岸的美国。

诺贝尔生理学或医学奖

卡雷尔被迫离开里昂，完全不是出于自己的意愿。一位名为玛丽·拜利的女子被医生诊断为由于感染急性结核性腹膜炎而失去意识，前往卢尔德①朝圣后，她竟然康复了。卡雷尔对她进行了检查后认为，治愈玛丽的不是奇迹，而是"无能"的科学。

这位科学家流亡美国后，开展了一番非凡的事业，尤其是在他看重的血管缝合和器官移植领域。1894 年 6 月 25 日至 26 日夜间，他眼看着萨迪·卡诺总统②因失血过多而去世，尽管当时里昂的大人物蓬塞、奥利埃和盖尔顿都在场。他开始想要寻找治疗办法。1912 年，他因获得的所有研究成果被授予诺贝尔生理学或医学奖，时年 39 岁。

第一次世界大战期间的壮举

1914 年，他正在位于圣马丁昂豪地区③的巴蒂城堡里度假时，受到了里昂医学圈所有赞助人的正式接见：他们采用这种方式对他获奖一事表示祝贺，同时也是弥补他曾被抨击的科学信仰。这个身材不高，戴着眼镜的男人，内心十分愉悦，忘记了几年前他离开里昂这一高卢古都时备受冷落的经历。

---

① 位于法国南部接近西班牙边界，天主教最大的朝圣地，据说卢尔德的天然圣水可治疑难杂症。——译者注

② 萨迪·卡诺（Sadi Carnot，1837—1894），法国政治家，1887 年当选为法兰西第三共和国第四任总统，1894 年被一名意大利无政府主义者刺杀。——译者注

③ 法国东部市镇，位于罗纳省。——译者注

1914 年 8 月，他作为助理医师应征入伍。很快，他进行了大刀阔斧的改革，并在贡比涅森林①和靠近前线的地方创建了隆德皇家医院。接着，他向伤员们展示了卡雷尔 - 达金（Carrel-Dakin）疗法②对愈合创伤和防止伤口感染的巨大疗效。1917 年，卫生部副部长贾斯汀·戈达尔③和他同样是里昂人，向他授予荣誉军团军官的蔷薇勋章，不久后又授予他高等骑士勋位绶带。

托尼·卡尼尔医院

卡雷尔再一次前往美国，回到洛克菲勒基金会工作，重启组织细胞培养和器官移植排斥抗体的研究工作。他支持爱德华·赫里奥特进行医院现代化改造的想法。其结果就是，里昂建成了一家非常先进的医院——托尼·卡尼尔医院，人们可以通过地下通道在各个科室之间往来。这样一来，转移病人时便不会受到恶劣天气的干扰。

他认识了飞行员查尔斯·林德伯格④后，他们成了朋友。这位驾驶飞机穿越大西洋的英雄请求卡雷尔医治他心力衰竭的妻子。卡雷尔为她发明了输注泵，这是人工心脏真正的雏形。

《人，难以了解的万物之灵》

1936 年，卡雷尔通过普隆出版社出版了风靡全球的著作——《人，难

---

① 位于巴黎以北 60 千米。贡比涅森林是 1918 年 11 月 11 日协约国与德国签署停战协定，结束第一次世界大战的地点，也是 1940 年 6 月 22 日，第二次世界大战中法国与德国占领军签署第二次贡比涅停战协定的地点。——译者注

② 卡雷尔 - 达金法，卡雷尔与英国生物化学家亨利·达金的发明疗法，采用以次氯酸钠为原料的杀菌剂，用以冲洗伤口以治疗创伤。——译者注

③ 贾斯汀·戈达尔（Justin Godard）在爱德华·赫里奥特卸任后，于 1944 年至 1945 年担任里昂市市长。——译者注

④ 查尔斯·林德伯格（Charles Lindbergh，1902—1974），瑞典裔美国飞行员。1927 年 5 月 20 日至 21 日，林德伯格驾其单引擎飞机“圣路易斯精神”号（机型：莱安 NYP-1），从纽约飞至巴黎，跨过了大西洋，其间并无着陆，共用了 33.5 小时，因此获奥特洛奖。——译者注

以了解的万物之灵》。该书在法国的销量高达 100 万册，被翻译成 20 种语言。这份对全世界现状的总结导致卡雷尔变得"臭名昭著"。他因建议使用安乐死处置疯子、罪犯和绝症患者而受到批评。第二次世界大战即将结束之际，"最终解决方案"，即纳粹分子依据优生学对犹太人实行的种族灭绝制度已经突破了忍耐的底线，抨击的声音随即变得更为犀利。于是，卡雷尔昔日的高大形象不幸成了众矢之的。

法国人类问题研究基金会

到达退休年龄 65 岁之后，他居住在自己位于圣吉尔达①的私人岛屿上。1939 年 9 月起，他开始在共和国就职。他前往美国寻求资助，并于 1941 年又回到法国。随后他获得授权，成立了法国人类问题研究基金会。弗朗索瓦·佩鲁②离开后，卡雷尔独自一人继续运营这家基金会，但是已经无甚兴致。

正当人们准备让他停止运营基金会时，他于 1944 年 8 月底病逝，被安葬在圣吉尔达。

夏尔·尼柯尔——抗击斑疹伤寒的先驱

查尔斯·尼柯尔（Charles Nicolle）教授是一位不拘一格、令人叹服的天才：他立志战胜传染病和酗酒。他满腔热情地投入医学界，在埃米尔·鲁克斯的支持下来到突尼斯，在此建立了巴斯德研究所的分支。正是在突尼斯，他发现了传播斑疹伤寒的媒介——虱子，并因此于 1928 年获得了诺贝尔生理学或医学奖。

---

① 位于法国南部。——译者注

② 弗朗索瓦·佩鲁（François Perroux，1903—1987），法国经济学家、教授，曾任教于法国里昂大学、巴黎大学。1982 年提出"新发展观"，认为社会要维持可持续发展。——译者注

鲁昂教师

查尔斯·尼柯尔 1856 年出生于鲁昂的一个名副其实的医学世家。他希望走上文学的道路，但是所处的环境不允许他这样做。于是他选择学医，28 岁时在鲁昂成为医学院的代课教师。由于听力受损，他转向研究微生物学，并因此获得了荣耀。

预防医学的先驱

他的博士论文的研究对象是杜克雷氏嗜血杆菌，这使他开始对隐性疾病产生兴趣。他走遍了所有的传染病发病区，进一步发展了微生物学。他的首要目标是警告民众传染病的危险。

在鲁昂期间，被任命为实验室负责人后，尼柯尔为在城外建立一所疗养院而四处奔走。他领导了一场抗击酗酒和结核病的前线战斗。他之前在巴斯德研究所的老师埃米尔·鲁克斯研发了抗白喉血清，尼柯尔立即确保了这种药物的大批量生产，并成立了血清学部门。

被同行排斥

尼柯尔总是活力满满，他创办了一份刊物——《诺曼底医学报》。他的物质条件是最艰苦的，许多举措又招来了地方医疗当局的敌意。尤其是布鲁农教授，他认为尼柯尔是一个浮躁的年轻人，打算给他浇一盆冷水。查尔斯·尼柯尔别无他法，只能逃离这里。他合上了自己人生中诺曼底开这一页，踏上了一片崭新的土地——受法国保护的突尼斯。

巴斯德研究所突尼斯分所负责人

尼柯尔在埃米尔·鲁克斯的支持下，于 1903 年来到突尼斯。他凭借自己无比坚强的意志，将自己在非洲的冒险变成了巨大的成功。他继续为医学卫生预防积极奔走。1905 年，他为巴斯德研究所突尼斯分所举行落成仪式，建筑的图纸也是由他亲自设计的。在突尼斯，他发现了一些新的疾病，如马耳他热、麻风病和疟疾。但毫无疑问，他的首要任务是与一种突尼斯地方传染病——斑疹伤寒作斗争。

发现斑疹伤寒媒介——虱子

1909 年，命运向查尔斯·尼柯尔展开了微笑：他提出了虱子在治疗斑疹伤寒中的作用。伤寒经过虱子进行传播这一发现能带来丰硕的成果。通过预防措施可以拯救成千上万生命。

1928 年，尼柯尔因这项成果获得了诺贝尔奖。次年，他入选法国科学院，并于 1932 年在法兰西公学院担任细菌学系主任。

1936 年，尼柯尔逝世。

为了纪念他，鲁昂医院更名为查尔斯·尼柯尔医院。

阿尔弗雷德·卡斯特勒——激光之父

阿尔弗雷德·卡斯特勒（Alfred Kastler）是激光之父，1966 年因光泵浦方面的发现获得诺贝尔物理学奖。

出色的教师

阿尔弗雷德·卡斯特勒出生于德国统治下的阿尔萨斯[①]，在德国文化的熏陶下长大。1918 年，威廉二世的帝国倒台之后，阿尔萨斯地区归属法国，他开始逐渐熟悉法语。3 年之后，他进入巴黎高等师范学院，1926 年获得

---

① 东北部地区名及旧省名，与德国相邻。17 世纪以前属于神圣罗马帝国领土，以说德语居民为主，30 年战争后根据《威斯特伐利亚和约》割让给法国。和洛林一样都在普法战争后割让给普鲁士，第一次世界大战结束后属法国领土，第二次世界大战初期重归纳粹德国，至第二次世界大战结束再次被法国夺回。——译者注

了物理教师学衔考试第一名。接着他开始了大学教师生涯：先是在米卢斯，后来又到克莱蒙费朗和波尔多。

光泵浦技术的开发

卡斯特勒的研究对象是原子结构、光线、物质光波及赫兹波之间的互动。他主要致力于研究塞曼效应，即地球磁场对光线的影响。因此，他打算证明光的电磁理论的有效性。

1962年，阿尔弗雷德·卡斯特勒被任命为理论与应用光学研究所所长，1964年入选法国科学院，1966年因起步于1949年的光泵浦技术研究工作获得了诺贝尔奖。

激光之父

阿尔弗雷德·卡斯特勒在激光的发现过程中起了决定性作用。激光（Laser）是受激辐射光放大的英文（Light Amplification by Stimulated Emission of Radiation）首字母缩写。

不必细述技术细节，只需知道，电子是以层状分布在原子核周围的。在光的影响下，电子不断地吸收和发射光子，同时改变能级。在经典介质中，假设处于热平衡状态，较低能级的电子层数量远远少于远离原子核的电子层数量。用物理学的说法就是，吸收的量大大超过同一时间放射的量。阿尔弗雷德·卡斯特勒正是建议通过增加受激原子的比例来扭转这一趋势。基于同步辐射原理，上述所说的光泵浦技术能使大部分电子保持最高能级。

这项发明为美国人梅曼[1]以后发明激光埋下了种子，他明显受到了卡斯特勒研究成果的启发。

---

[1] 梅曼（1927—2007），美国物理学家，发明了世界上第一台红宝石激光器，建立了激光效应的理论。——译者注

在一束激光中，光被看作是定向、相干的和单色的。首先红宝石（含有少量氧化铬的氧化铝晶体）激光器就体现了这些特点。它是一个由两面镜子组成的光学腔，与放大器相连，因为激光发射出来的光有着十分精确的波长。

人文主义者、诗人、坚定不移的欧洲人

1972 年退休后，卡斯特勒继续支持人权运动，同时致力于促进自广岛和长崎被轰炸以来不断重申的和平主义。因此，阿尔弗雷德·卡斯特勒激烈地反对核工业也不足为奇。卡斯特勒无疑是一位人文主义者，他在波尔多大学所作的讲话便可证明："科学家，就像雕塑家或画家，应该学习如何观察外部世界，如何保留本质，如何从梦幻中辨别真实……在寻求真理的过程中，他应当先学会变得真实。"

马塞尔·比奇和圆珠笔尖

马塞尔·比奇（Marcel Bich）是一位慧眼过人的企业家。他以准确的直觉推出比克圆珠笔（BIC），毫无悬念地征服了世界。由于书写用具市场朝着价格低廉的一次性产品转变，于是他以打火机和剃须刀两度再现了这一世界性的成功，后来在香水生产上以失败告终。

马塞尔·比奇和爱德华·布法德

马塞尔·比奇出生于 1914 年。1945 年，他在一家油墨制造厂担任生产经理。后来与他的同事爱德华·布法德一起成立了一家小公司，为羽毛笔和自动铅笔生产配件。他的业务发展一帆风顺。但直觉告诉他，圆珠笔才是书写用具行业的未来。因此，他开始将业务拓展到美国乃至欧洲。在世界大战打响之前，他便收购了匈牙利人拉兹洛·比罗的圆珠笔专利，得

以将该产品投入生产。

1950 年年末，他推出了自己的圆珠笔，并命名为比克，以他自己名字的字母拼写简化版作为注册商标。

比克笔的胜利

马塞尔·比奇对他的产品进行了诸多考虑：他希望这种笔实惠、便捷、书写体验好，也就是写得整齐。比克 Cristal 系列推出，完成商标注册，并努力进行了大量的广告宣传，令法国人的书写习惯发生了翻天覆地的变化。它的价格十分低廉，因此成为一次性产品，弃之不可惜，购买也方便。马塞尔·比奇将这一全新理念复制到了其他领域。

渐渐地，马塞尔·比奇的公司进入各国市场，并且推出了多个系列（体现在价格、颜色、可拆卸墨水囊等）。接着收购多家企业并参考其他公司的设计，最终以斯泰恩（Stypen）和舍费尔征（Schaeffer）两个子品牌进军奢侈品钢笔市场和记号笔市场。同样，比克公司试图以童话（Conte）和比克儿童（BIC Kids）两个子品牌打入以绘画专业人士和儿童为主要消费群体的彩色铅笔行业。最后，为了全面覆盖书写领域，还开发了文字修改用品，如立可白（White Out）和迪美斯（Tipp-Ex）。

2005 年，比克笔在全球的销量超过了 1 000 亿支，比克集团每天卖出大约 2 400 万支书写工具。

一次性打火机

1973 年，马赛尔·比奇的公司上市并拓展多元化业务，推出了仍以他的标志性名字命名的一次性打火机。与比克圆珠笔不同的是，一次性打火机在市场上并非新品。在此之前，家用煤气罐（1934 年）的发明者，同时也是普里马加兹公司的创始人让·英格莱西，已经在法国推出了这种产品。早在 1948 年时，打火机便出现了，虽然不是一次性的，而是通过充气重复使用。1962 年，瑞典品牌草蜢推出一次性打火机，但反响并不好。两年后，法国费洛多也加入了一次性打火机的竞争，打起了价格战。

马塞尔·比奇仔细观察了市场：他相信价格低廉的一次性产品。该产品在全世界推出，还组织了大规模的促销活动。积极的营销和技术的革新是比克集团获得成功的两大秘诀。1974 年，比克集团每日在全球售出近 30 万个打火机。次年，这一数字翻了一番。而到 2005 年，日销售额突破 400 万个，使得比克品牌位居全球第一，遥遥领先竞争对手吉列。

一次性剃须刀

由于打火机业务取得了巨大成功，马赛尔·比奇决定自 1975 年起攻占剃须刀市场。比克一次性剃须刀也取得了巨大的成功。30 年后，该产品在全球每日售出 1 100 万件。

是否面临着过大风险？

凭借举世瞩目的成就，74 岁的马赛尔·比奇还打算在香水领域写下与比克剃须刀一样的传奇之笔。耗资数亿法郎的一次性香水被证明是一次严重的商业失败，然而集团完全有能力负担损失。诚然，马赛尔·比奇这一次想要实现的不是制造一件廉价的普通产品，而是用香氛打造个性，设计一件具有强烈个人内涵的奢侈品。

比奇终其一生都热爱竞争。他热衷于帆船运动，不堪忍受盎格鲁－撒克逊人独霸美洲杯帆船赛冠军——这似乎成了一场他们给自己举办的比赛。1970 年至 1980 年，他曾四度参加该项比赛，尽管投入了许多费用，帆船舵手和装备也不差，但很遗憾还是没能拿下冠军。1994 年，马赛尔·比奇离开人世。

皮埃尔·勒平和脊髓灰质炎疫苗

皮埃尔·勒平（Pierre Lépine）出生于一个著名的医学世家，他自己也走上了医学的道路。进入巴斯德研究所后，他提高了狂犬疫苗的有效性，尤其专攻病毒研究。就在那时，他发现并开发了针对脊髓灰质炎的疫苗。这位医学痴迷者甚至进入了政界，并取得了一些成功。

里昂杰出的医生

皮埃尔·勒平 1901 年出生于里昂，父亲是精神科临床教授。1920 年，他在里昂医院担任见习医生，1924 年，被派往洪都拉斯担任住院实习医生。在那里，他与洛克菲勒基金会的一位研究人员野口英世共同研究黄热病。为了表示感谢，基金会在黎巴嫩贝鲁特为他提供了一个教职。

1925 年，他前往贝鲁特，并通过了博士论文答辩，论文研究热带美洲地区的卫生条件，如中美洲、巴拿马运河地区。1926 年，他在黎巴嫩首都的美国大学讲授普通病理学和病理解剖学。次年，即 1927 年，进入法兰西公学院，在内森·拉里尔[1]实验室当助手。他在那里进行血清学研究，这是他职业生涯的转折点。

进入巴斯德研究所

在巴斯德研究所修完微生物学的课程后，1928 年，他进入莱瓦迪蒂[2]的部门，被任命为实验室主任。两年时间里，他都在研究梅毒的化学疗法，

---

[1] 内森·拉里尔（Nathan Larrier，1873—1946），法兰西公学院教授，主要进行病理性原生动物学研究。——译者注

[2] 康斯坦丁·莱瓦迪蒂（Constantin Levaditi，1874—1953），罗马尼亚医生和微生物学家，是病毒学和免疫学领域的重要人物，尤其是在脊髓灰质炎和梅毒研究方面。1900 年进入巴斯德研究所，在埃米尔·鲁克斯的支持下在研究所内建立独立实验室。——译者注

随后又对脊髓灰质炎病毒进行研究。在这一特殊领域，他展示了该病毒在水中的存活和在猴子消化道中的传播。

1930 年，他前往伦敦进行多发性硬化症研究。1931 年，鲁克斯和卡尔梅特派他管理巴斯德研究所雅典分所。当然，他还在希腊首都的卫生学校授课。他醉心于探究斑疹伤寒的各类致病因素，但也没有因此忘记寻找脊髓灰质炎的病因。他使用灭活病毒，在猴子身上进行了第一次脊髓灰质炎疫苗接种试验。

返回法国

1935 年，勒平被任命为巴斯德研究所的部门副主任，接着又担任了狂犬病部门的主任。正是他用牛脑代替了巴斯德先前使用的牛骨髓来生产疫苗，接着，他从中分离出了淋巴细胞性脉络丛脑膜炎病毒。

1938 年，他加入了法国微生物学协会基金会，并出版合著《人类疾病的超显微病毒》。

回到贝鲁特后，他加入了东方军，负责医疗卫生部。

1941 年起担任巴斯德研究所病毒研究部主任

从 1941 年至 1971 年，皮埃尔·勒平领导巴斯德研究所所有的病毒部门。

作为纽伦堡审判的前期工作之一，战争科学罪行审查委员会设立在巴斯德研究所，勒平也参与其中，并审查了幸存者提供的所有证据，这些幸存者曾被丧心病狂的纳粹医生当作人体实验的对象。

为了推进他的研究，勒平先后给研究所配备了各种现代化设备：2 台高速离心机和 1 台电子显微镜。

1957 年，他采用灭活疫苗，发现并开发了脊髓灰质炎疫苗。

所获荣誉和从政经历

1961 年，勒平成为法国科学院院士，1971 年退休，时年 70 岁。接着他被选为巴黎 16 区的市议员，开启了政治生涯。他负责管理卫生、健康和毒品等问题，1978 年和 1983 年，他再度被选为市议员，致力于卫生、健康和药物滥用问题。

他于 1989 年逝世，并将他的个人档案收藏赠予巴斯德研究所，特别是其中还有他 1957 年至 1971 年间关于脊髓灰质炎疫苗的所有往来信件。

亨利・德・弗朗斯——彩电 SECAM 系统的发明者

亨利・德・弗朗斯（Henri de France）年少有为，年仅 21 岁就成立了电视公司。同年，即 1931 年，他成功发明了一台 60 行线的黑白电视机。1956 年，他注册了塞康制式（SECAM）彩色电视专利，即"按顺序传送色彩与存储"。但塞康制式从 1967 年起才投入使用，随后就遇到了德国帕尔制式（PAL）的竞争。

何为电视？

这种设备的目的是：定影、摄制，再转载，最后将画面连同声音一起投影到消费者的家里。1926 年是关键的一年，苏格兰人约翰・罗杰・贝尔德①实现了第一次影视图像传播。1929 年，这一电机程序被电子系统取代。

为了简化起见，电机系统使用的是尼普科夫扫描盘（Nipkow，发明于 1884 年），淘汰了 25 行线画面。而电子系统使用阴极射线管，分辨率为 819 行线，每秒钟可以扫描 25 帧图像。虽然电机系统进行了改进，但仍然

---

① 约翰・罗杰・贝尔德（John Logie Baird，1888—1946），英国工程师及发明家，是电动机械电视系统的发明人。——译者注

只能分辨 240 行线，因此接收图像的质量也与电子系统差距很大。1936 年，英国广播公司依靠一套完整的电子系统，包括负责接收的阴极射线管和负责拍摄的光电摄像管，开始播出黑白色调的电视节目。

1931 年在法国，法国人勒内·巴泰勒米 ① 当众演示了一套系统，不过第一个画面从蒙鲁日传播到马拉科夫 ② 分辨率只有 30 行线。1938 年起，从埃菲尔铁塔播出的电视节目采用短波输送，图像更为清晰（180 行线）。

每天 20 点，拥有电视机的 100 多位特权者可以观看半小时电视节目。

战争接近尾声时，即 1944 年，巴泰勒米成功调试了一台 819 行线的电视。一年之后，法国电视从哥纳克 – 珍 ③ 的演播室中恢复播出。1948 年年末，法国以 819 行线作为标准，而英国则选择了 625 行线。

亨利·德·弗朗斯成立电视总公司

法国工程师亨利·德·弗朗斯，1911 年出生于巴黎，他年仅 21 岁就在勒阿弗尔 ④ 创立了电视总公司。1931 年，他研制了一台 60 行线的黑白电视机。次年，转播图像的分辨率提高了（成功传输到 7 千米外，甚至更远的地方）。1932 年，他将分辨行线的密度增加了一倍。

战争期间，他继续自己的研发，并因此获得了抵抗法西斯奖章。1942 年，他在里昂定下了 767 行线的标准。

1949 年，美国无线电公司（RCA）在实验室中研制出第一个彩色电视显像管。

---

① 勒内·巴泰勒米（René Barthélemy，1889—1954），法国工程师，电视制造的先驱。——译者注

② 蒙鲁日（Montrouge）、马拉科夫（Malakoff）均为巴黎郊区市镇。——译者注

③ 这里指西奥多 – 厄尼斯特·哥纳克（Théodore-Ernest Cognacq）及妻子玛丽 – 路易斯·珍（Marie-Louise Jay），巴黎大型百货公司——莎玛丽丹百货公司（La Samaritaine）的创始人。——译者注

④ 法国北部海滨城市，位于上诺曼底大区滨海塞纳省。——译者注

塞康制式

1956 年，亨利·德·弗朗斯和亨利·佩罗尔斯一同为塞康制式彩色电视程序申请了专利，SECAM 意为"按顺序传送彩色与存储"。他从 1967 年才开始使用这项专利。而此时，德国人沃尔特·布鲁赫①已经开发了帕尔制式（意为逐行倒相），这一成果能够战胜他的竞争对手。

尽管如此，法国还是决定支持开发自己的系统，并出售给苏联和其他欧洲国家，以保护本国的显像管和接收器工业。多年间，塞康制系统一直在捍卫自身的地位……

后来，有线网络和无线地面数字电视（TNT）获得了长足发展，接着图像质量和画面高清晰度也充分提高。基于非对称数字用户线路（ADSL）的互联网革命使观众可以接收到大量的免费频道，这样，电视遥控器的使用就为消费者提供了看电视的新方式——自选节目。

乔治·夏帕克和多丝正比室

乔治·夏帕克（George Charpak）原籍波兰，1946 年加入法国国籍，就职于日内瓦的欧洲核子研究组织（CERN）。这位物理学家致力于追踪无穷小量，这些粒子会激发原子并留下它们经过的痕迹。他构思多丝正比室就是为了记录这些微粒的运动轨迹。1992 年，他被授予诺贝尔物理学奖，以奖赏他所做出的贡献。

不同寻常的职业生涯

乔治·夏帕克 1924 年出生于波兰，作为物理学家，他之后将全部精

---

① 沃尔特·布鲁赫（Walter Bruch，1908—1990），德国电气工程师、德国电视的先驱、闭路电视的发明者。20 世纪 60 年代初期，他发明了帕尔彩色电视系统。——译者注

力都投入到粒子探测器的研发中。他被圣路易高中的预备班录取后，接着通过了国立圣艾蒂安高等矿业学校的入学考试。他参加了反法西斯抵抗组织，后来被德国人逮捕，关进集中营。第二次世界大战结束后，夏帕克成为法国公民。1946 年，他考入巴黎高等矿业学校，1948 年进入法国国家科学研究中心。在那里，他与弗雷德里克·约里奥-居里共事，并在后者的支持下进行实验物理学研究。直到 1959 年，他才进入欧洲核子研究组织。

如何追踪粒子？

为了揭示无穷小粒子的秘密，几个国家默契合作，科学家们斥巨资打造出科技猛兽——粒子加速器。他们剖析了每个粒子的属性、轨迹和能量，还计算出它们的质量和运动量。

此外，物理学家们会引起这些无穷小粒子之间的碰撞。无穷小的粒子肉眼无法看到，进行干扰运动会使它们的轨迹暴露。这表明粒子在经过其他物质时，会夺取其中的电子，同时引发电离现象（一种原子的激发）。

气泡室中充满了液态氢，是为了测量反应的方向和强度。加速器还安装了受盖格计数器启发的探测器。然后是一个带有单根金属线的圆柱体，正如上文所说，粒子经过时会在此产生大量带有电信号的电子。

乔治·夏帕克发明了多丝正比室

20 世纪 60 年代末，在日内瓦欧洲核子研究组织工作的乔治·夏帕克想到，可以将这个大型设备微型化，开发带有多根金属线的腔室。这样可以更精确地追踪到粒子的轨迹。出于同样的目的，他还创建了一个漂移室。1985 年，他被选为法国科学院院士。

1992 年，在他完成粒子探测器这一伟大成果 24 年之后，才被授予诺贝尔物理学奖。

焦点人物

自从乔治·夏帕克开始从事国际性工作，他便格外投入以捍卫政治、科学事业。他坚决支持民用核能，但强调确保设施完全安全极为必要。因为他怀疑在地球的某个地方，还会出现核泄漏事故。于是，他写下了一本颇有争议的书——《从切尔诺贝利到切尔诺贝利》。

他从小学起就热衷科学教育，与天体物理学家皮埃尔·莱纳发起了一项名为"动手做"的活动以革新科学教育。他还发表了一部作品——《儿童与科学》，来介绍他的活动并阐明其重要性。

自2000年开始，他便不停地揭露和讽刺星相学和秘术等围绕超自然现象的学科。他还将顺势疗法纳入他批判的范畴。出版商奥迪尔·雅各布（Odile Jacob）分别于2000年和2004年出版了夏帕克的两本著作，取得了意想不到的成功：《成为巫师，成为科学家》和《成为科学家，成为先知》。

更近的一年，即2005年，乔治·夏帕克和其他几位诺贝尔奖得主一起反对逮捕伊朗记者阿克巴尔·甘吉[①]。他最终对核电采取反对态度，看来这位1992年诺贝尔物理学奖得主至此仍关注着这个世界。2010年，夏帕克离开人世。

方斯华·贾克柏、安德烈·利沃夫和贾克·莫诺与基因调控

方斯华·贾克柏（François Jacob）、安德烈·利沃夫（André Lwoff）和雅克·莫诺（Jacques Monod）构成了一个独特的三人组，共同研究酶和病毒合成中的基因调控，他们因细胞生物学方面的成果于1965年共同获得了诺贝尔生理学或医学奖。这些成果开辟了基因工程研究的道路。

---

① 阿克巴尔·甘吉（Akbar Gandji, 1960—　），伊朗新闻记者和作家。——译者注

分子生物学革命

1965 年，首次进行了法国总统普选。同年，3 位法国生物学家因共同获得诺贝尔生理学或医学奖而受到了媒体的关注。他们 3 人均出自富有传奇色彩的巴斯德研究所。他们凭借基因调控这一成果获得了褒奖。他们最大的功劳在于，通过解释细胞如何在自身基因的基础上控制蛋白质的产生，明白了生命的机制。因为蛋白质相当于各个细胞间的通信工具。这是一次生物学领域的革命。

3 个法国英雄

自 1928 年查尔斯·尼柯尔之后，诺贝尔生理学或医学奖得主中再也没有法国人的身影。这个奖项不仅是他们 3 个人的荣耀，也是整个国家的骄傲……

最年长的安德烈·利沃夫是索邦大学的微生物学教授。他是一个充满想象力，文质彬彬、才华横溢的优雅绅士，在研究病毒毒性的控制因素方面取得了卓越的成就。他还证明病毒具有强大的适应性。细菌病毒被称为噬菌体，是细菌的重要宿主。安德烈·利沃夫写了很多书。他最出名的作品是《生物秩序》，也是他的代表作。

而雅克·莫诺是巴黎的理工科教授。第二次世界大战后，他和安德烈·利沃夫共同领导巴斯德研究所的微生物生理学实验室，是遗传信息领域的专家。

第三位是方斯华·贾克柏，他于 1964 年起在法兰西公学院教授细胞遗传学。他先是在非洲的自由法兰西部队[①]，第二次世界大战期间被编入第二装甲师，在诺曼底登陆时受伤。为了专心研究生物学，他不得不放弃了外科学。1950 年，他进入利沃夫教授的部门，取得了自然科学博士学位，随后

_____
① 戴高乐 1940 年组织的反法西斯部队。——译者注

在 1960 年又成为细胞遗传学领域的部门主任。

后来，他集中研究细菌细胞的调控机制。

一次飞跃

除了基因调控，方斯华·贾克柏还和莫诺、利沃夫一起提出了一系列新概念：信使核糖核酸、操纵子和基因调节等。自 1965 年开始，分子生物学取得了突飞猛进的发展。20 世纪 70 年代，基因的相互依赖性被提出，其中的一个基因样本可以通过名为选择性剪接的机制组合成好几个蛋白质。

贾克柏进入法兰西学术院

1996 年，方斯华·贾克柏进入法兰西学术院。由于他是 1965 年诺贝尔奖团队的唯一在世者，因此在法兰西学院穹顶下受到了隆重的欢迎。他接替了一年前去世的让-路易·柯蒂斯[①]。方斯华·贾克柏是一位多产的作家，发表过一部十分畅销的科学著作——《生命的逻辑》。2013 年，方斯华·贾克柏与世长辞。

伊夫·肖万与烯烃复分解反应

伊夫·肖万（Yves Chauvin）从事石油衍生化学领域的工作。他发现了烯烃复分解反应，即对碳原子编排或打破其化学键的方式进行了描述。由此，他开辟了有机合成这一广阔领域，制药业也将从中受益匪浅。30 年后，2005 年的诺贝尔化学奖被授予伊夫·肖万，以表达对其工作的

---

① 让-路易·柯蒂斯（Jean-Louis Curtis，1917—1995），阿尔伯特·拉菲特（Albert Laffitte）的笔名，法国小说家，以其第二部小说《夜之森林》而闻名。1947 年获得法国最高文学奖龚古尔奖，1986 年入选法兰西学术院。——译者注

敬意。

科学家

伊夫·肖万，生于 1930 年，1954 年毕业于里昂高等工业化学学院，1960 年加入法国石油研究所，成为热力学和应用动力学工程师。他在那里担任研究主任一职，直到 1995 年。他沉醉于催化作用的研究，对有机合成（元合成、低聚物和聚合）产生了兴趣。

里昂地区有机金属化学实验室的主任

他的工作重点是聚合和均质催化。他申请了许多专利，这些专利是许多大型工业生产过程的实现依据，如丁烯齐聚工艺和工艺乙烯二聚制丁烯工艺。

使他名声大噪的还是发现了烯烃复分解反应（这一过程现如今以他的名字命名）。

但是，复分解究竟是什么呢？这里不得不提到，地球上所有的生命都是基于四价碳（仅次于氢和氦的最丰富的元素之一），这种碳先是在恒星内部产生，随后四下分散。

碳原子极易与其他化学元素结合，特别是氧和氢。因此，有机化合物在自然界中无处不在。长期以来，科学家们一直想知道碳原子是如何相互连接的，又是如何打破其化学键的。1971 年，伊夫·肖万完整地描述了这一过程。

于是，新分子可以无限诞生：有机合成开辟了一个巨大的领域，特别是在药品制造方面。

2005 年获诺贝尔奖

伊夫·肖万的发现公布了 30 多年后，凭借机化学中的复分解方法与两位美国研究人员格拉布斯[1]和施罗克[2]共同获得诺贝尔化学奖，当时他已经退休，是法国科学院院士。得知这个消息时，肖万没有表现出任何欣喜，他已经 75 岁了，再者，这一发现也过时了。20 年前，他还拒绝过德国物理学大奖的 5 000 法郎奖金。

同年，他被授予荣誉军团高级军官勋章。

关注团队发展的人

伊夫·肖万一直热衷于将他的发现应用在工业生产中，并专注于培养年轻的研究人员。他是一个兼具独创性与魅力的人，越是博学反而越是谦逊。2015 年年初，肖万辞世。

路易·奈尔与材料研究中心

路易·奈尔（Louis Néel）是法国物理学家，磁学泰斗。他在格勒诺布尔成立了原子能研究中心，因地球磁场方面的研究成就于 1970 年被授予诺贝尔物理学奖。他还促成了同步加速器的发明，并发起建立劳厄[3]－朗之万研究所。

磁学泰斗

路易·奈尔兼具多重身份：师范学校毕业生、教师、理学博士、固体物理学专家，1953 年成为法国科学院院士。1937 年，他在斯特拉斯堡任教，

---

[1] 罗伯特·格拉布斯（Robert Grubbs, 1942—2021），美国化学家，2005 年诺贝尔化学奖获得者之一，主要研究领域为有机化学和高分子科学。——译者注

[2] 理查德·施罗克（Richard Schrock, 1945—），美国化学家，因为在有机化学中复分解反应法的贡献，成为 2005 年度诺贝尔化学奖获得者之一。——译者注

[3] 马克斯·冯·劳厄（Max von Laue, 1879—1960），德国物理学家，1912 年发现了晶体的 X 射线衍射现象，并因此获得 1914 年诺贝尔物理学奖。——译者注

开启了职业生涯。第二次世界大战期间，他于 1939 年加入法国海军，发现了防御磁性水雷的方法，德国船只在大西洋大范围投射这种水雷。回到格勒诺布尔之后，他进入傅立叶研究所工作，战后不久便创建了格勒诺布尔静电学和金属物理学实验室。

格勒诺布尔之旅

20 世纪 50 年代，他又在格勒诺布尔成立了原子能研究中心。1970 年，他因磁学方面的研究成果和瑞典学者阿尔文[①]一同被授予诺贝尔物理学奖。他们的实验都是关于波在地球磁层等离子区的传播。海拔 1 000 千米以上时，地磁场的力线能够保护人类不受太阳风干扰。

在获得这项举世瞩目的成就一年后，路易·奈尔再次获得了一项国家级奖项，被授予电子学方面的金质奖章。他还在 1971 年创建了磁力实验室。中子磁衍射的发现证实了路易·奈尔关于亚铁磁性的研究。他想通过这项新发现推动格勒诺布尔的科学发展。

1958 年，第一座中子反应堆建成，名为梅留辛。路易·奈尔的成功，让他得以实现两项宏伟计划：打造欧洲同步辐射装置，建立劳厄 - 朗之万研究所。这两个欧洲项目分别研究 X 射线和中子，位于物质结构研究领域最前沿。

显著的工业效益

同步加速器带来的科学和工业效益十分巨大。它为纳米技术、材料科学和分子生物学的进步做出了贡献。对人们日常生活有更具体的影响，预计将体现在化妆品、农业食品、生物材料和医药产品领域。

路易·奈尔于 2000 年与世长辞。

---

① 阿尔文（Alfvén, Hannes Olf Gosta, 1908—1995），瑞典物理学家。——译者注

让·多塞——从组织相容性到人类基因组的遗传图谱

让·多塞（Jean Dausset）是一个积极活跃的人。他的职业经历丰富多彩，自从医疗改革开始进行，他便创建了医科教学及医疗中心模式[①]，后来取得了组织相容性（供、受体双方的基因相容性）方面的研究成果。作为世界免疫学界的翘楚，1980 年他因所拥有的研究成果获得了诺贝尔生理学或医学奖，之后他又开始攻克人类基因组"解码"这一难题。

被第二次世界大战扰乱的学术活动

让·多塞 1916 年出生于图鲁兹，在学医期间应召入伍。1940 年 6 月战败后，返回原先的寄宿制学校。在拿到医学文凭后，他再次入伍，前往阿尔及利亚。他对血液学，即研究血液的学科产生了浓厚的兴趣，从此以后便潜心从事输血研究。

医科教学及医疗中心的创始人

20 世纪 50 年代，他与罗伯特·德布雷[②]教授共同参与了法国医疗卫生系统的改革。随后，建立了首批医科教学及医疗中心。在科学研究方面，他专注于免疫学，并第一个对白细胞抗原做出了描述。

组织相容性

1963 年，多塞在巴黎被聘为医学院的免疫血液学教授，他不知不觉地

---

① 与医学院合办，以实习医生为主的公立医院，既是大型公立医院，又是教学、科研单位。——译者注

② 罗伯特·德布雷（Robert Debré，1882—1978），法国医生，法兰西医学科学院成员，被认为是现代儿科的奠基人之一。1946 年到 1964 年担任国家卫生研究所主席，支持法国公共卫生政策的改革。——译者注

将研究从输血转向了免疫系统。他关注着好几个问题：移植排斥、疫苗研制和癌症。

他将人类组织相容性作为研究重点。基于他对遗传的认识，他试图弄清来自不同人体的两个器官怎样才能在同一个身体中共存。换句话说，需要判断供、受体之间是否具有基因兼容性，以防止机体产生排异反应。

因此，如果两个人之间的白细胞抗原（HLA）不相容，器官移植就无法进行，或者存在风险。

1965 年，为了对相容性现象进行研究，多塞在志愿者身上进行了 100 多次皮肤移植。

因此，想要了解免疫系统，对人类白细胞抗原蛋白进行研究是必不可少的。

享誉世界

让·多塞已经成为全球免疫学之星。1968 年到 1984 年，他担任研究机构法国国家健康和医学研究院 93 分院的负责人，该机构设立在圣路易医院，专门进行人类移植的免疫遗传学研究。1969 年，他获得法国科学院的哥纳克 – 珍奖，然后进入法兰西公学院任实验医学教授，并于 1978 年获得了科赫基金会和沃尔夫基金会 ① 的奖项。1980 年，他凭借在免疫学方面的所有成就，与美国科学家贝纳塞内拉夫 ② 和斯内尔 ③ 共同获得诺贝尔生理学或医学奖。

---

① 沃尔夫基金和以色列基金会，由著名犹太工业家里卡多·沃尔夫（Ricardo Wolf，1887—1981）于 1975 年设立。——译者注
② 贝纳塞内拉夫（Barui Benacerraf，1920—　　），委内瑞拉裔美国医学家，主要工作领域是免疫学和移植医学。——译者注
③ 乔治·斯内尔（George Snell，1903—1996），美国著名遗传学家，免疫遗传学奠基人。——译者注

人类基因组的发现

在获得诺贝尔奖三年后，让·多塞开始了一项新的挑战。他创立了人类多态性研究中心。这个基金会为绘制人类基因组图谱做出了贡献，因为人类的 DNA 分子包含近 30 000 个基因（这也不算多，仅比果蝇多出一倍！）。

所有的这些研究工作都是在基因工程的基础上进行的，其目的是在分离和纯化基因后复制大量相同的基因。这些研究为克隆（通过技术进行繁殖）和基因重组开辟了道路，还可以用来生产药物和疫苗。人类基因组在基因方面的应用自然会带来重大的伦理问题。如今，人们只能进行诸如器官移植的基因移植，而对卵子和精子的基因组进行修改是不允许的。

2009 年，让·多塞逝世。

皮埃尔 – 吉勒·德·热纳和固体物理学

皮埃尔 – 吉勒·德·热纳（Pierre-Gilles de Gennes）是一位凝聚态物理学家。他于 1991 年获得诺贝尔物理学奖，为各个学科的交叉融合做了杰出的证明。

聪明绝顶

皮埃尔 – 吉勒·德·热纳是医生之子，从小便展现出超群的智慧。13岁时，他踏上了物理学的道路。他与意大利学者奥基亚利尼[①]往来密切，由此接触到了高能物理学。10 年后，他进入巴黎高等师范学院学习。在阿尔

---

① 朱塞佩·保罗·斯塔尼斯劳·奥基亚利尼（Giuseppe Paolo Stanislao Occhialini，1907—1993），意大利物理学家。1947 年与塞萨尔·拉特斯、塞西尔·鲍威尔发现 π 介子的衰变。——译者注

及利亚服役两年后，他加入了法国萨克雷原子能委员会。随后，他一路平步青云，拥有多重头衔，获得无数荣誉：国家科学研究中心的金质奖章、荷兰皇家艺术与科学学院颁发的洛伦兹奖章和意大利科学院的马泰乌奇奖章等。

从超导体到液晶

这位萨克雷原子能委员会的物理学家的雄心之一，是尽快为他的学术研究找到工业化出路。他的身边汇聚了一批出色的研究人员，虽然他们分属不同的学科门类，但表现出非凡的团结。20 世纪 60 年代，他的兴趣从超导体物理学转向了液晶物理学。20 世纪 70 年代初，皮埃尔－吉勒·德·热纳在法兰西公学院任教，同时担任巴黎市工业物理化学学校的校长。10 年后，这位物理学家无法拒绝美国的邀请，成了石油巨头埃克森美孚的顾问，并在此探索了一个新兴领域：干燥动力学。浸润现象、界面聚合物和液晶都令他深深着迷。

1991 年获诺贝尔物理学奖

在研究转向了新的学科——黏附力学之后，他与法兰西公学院的同事马德莱娜·韦西耶[1]一同研究聚合物。1991 年，这位凝聚态物理学家被授予诺贝尔物理学奖，因为他发现："为研究简单系统中有序现象而创造的方法，能推广至比较复杂的物质形式，特别是能推广到液晶和聚合物。"

具有远见卓识的人

与乔治·夏帕克一样，皮埃尔－吉勒·德·热纳也积极推动教育系统在科学教育方面更加开放。他还希望以崇尚实践、提高创新意识的方式将科学变得更具吸引力。他更希望培养实验者，而不是理论家。某种程度而言，观察一株草比掌握量子力学的抽象概念能学到更多东西！

---

[1] 马德莱娜·韦西耶（Madeleine Veyssié），法国物理学教授。——译者注

他希望展示各个学科的交叉融合及其在日常现实中产生的影响。他在聚合物方面的研究工作堪称物理学和生物学融合的开端。

从胶水、洗涤剂到液晶显示器，所有这些产品都是皮埃尔 – 吉勒·德·热纳研究成果的衍生物。正因如此，这位物理学家可以说是一个具有远见卓识的人。

皮埃尔 – 吉列斯·德·热纳于 2007 年去世。

蒙塔尼教授和弗朗索瓦丝·巴尔 – 西诺西——艾滋病病毒的发现者

没有人能对蒙塔尼（Luc Montagnier）教授无动于衷。因为他于 1983 年发现了艾滋病病毒，所以可以说是全人类的恩人。他帮助开发的新疗法可以有效减缓发病的进程。2008 年，他和弗朗索瓦丝·巴尔 – 西诺西（Françoise Barré-Sinoussi）[1] 共同获得了诺贝尔生理学或医学奖。当然，如今艾滋病疫苗的研发才是未来医疗的重中之重。

卓越教育

吕克·蒙塔尼出生于 1932 年，是一名医学博士，同时获得了科学学位。1955 年，他担任理学院助理一职，责任也随之增加。成为高级研究员后，他于 1955 年进入激光研究所担任实验室主任。

1972 年，他应雅克·莫诺的要求，在巴斯德研究所设立了病毒肿瘤科，他在此医治癌症。

1985 年起，蒙塔尼主管巴斯德研究所的艾滋病和逆转录病毒部门，同

---

① 弗朗索瓦丝·巴尔 – 西诺西（Françoise Barré-Sinoussi, 1947—　），法国病毒学家，主要从事反转录病毒研究，在人类免疫缺陷病毒的发现过程中做出了重要贡献。——译者注

时任教于此。1975 年，让 - 克洛德·谢尔曼（Jean-Claude Chermann）[①] 与弗朗索瓦丝·巴尔 - 西诺西加入了他的行列，此 2 人专门研究感染人类的逆转录病毒。

1974 年，蒙塔尼成为法国国家科学研究中心的研究主任。

发现艾滋病毒

1983 年，在争议纷纷中，蒙塔尼连同谢尔曼、弗朗索瓦丝·巴尔 - 西诺西，被认定是艾滋病病毒的发现者。这是一种人类逆转录病毒，又称 LAV，即淋巴结病相关病毒，是艾滋病的导因。

众所周知，该病毒主要通过血液和精液传播。因此，使用安全套对于阻止病毒的传播起到至关重要的作用。这种病毒的繁殖速度极快，蒙塔尼教授指出："每天都会有数十亿的病毒产生，其中大部分会被免疫系统破坏。"病毒主要攻击目标是 T4 细胞，在病毒产生突变体之前其比例会再次上升（这表明，至少该疾病在初期是可逆的）。之后，抗击病毒会变得异常艰难。

因此，蒙塔尼提倡艾滋病治疗应尽早，应采用抗蛋白酶（AZT）并结合其他抑制剂来对抗病毒的突变。将多种药物混合，可以抵抗艾滋病逆转录病毒并稳定艾滋病毒阳性患者的病情，也称为鸡尾酒疗法。

汹涌的感染态势在西方国家已经大体上得到稳定，但是，亚洲的情况依旧糟糕，非洲尤甚。

1991 年至 1997 年期间，蒙塔尼执掌巴斯德研究所的新科室——艾滋病和逆转录病毒部门。1993 年，他创建了世界艾滋病预防与研究基金会。从 2001 年起，他在纽约大学皇后学院任教。

蒙塔尼教授还研究退行性神经疾病，如阿尔茨海默病、多发性硬化症

---

① 让 - 克洛德·谢尔曼（Jean-Claude Chermann，1939— ），法国病毒学家，1983 年同蒙塔尼、弗朗索瓦丝·巴尔 - 西诺西共同发现艾滋病人类免疫缺陷病毒，但未能与另外 2 人一起获得诺贝尔奖。——译者注

和与艾滋病有一定相似之处的癌症。他曾经用发酵木瓜为教皇约翰·保罗二世医治神经疾病（帕金森病），媒体对此曾做过报道。

当然，即便昂贵的多种药物治疗带来了一些希望，大大延缓了病情的发展，甚至能将病情稳定下来，但最重要的还是要研制出艾滋病疫苗。

杰出的病毒学女研究员

弗朗索瓦丝·巴尔－西诺西获得生物化学学位后，于1974年获得博士学位。她受聘于法国国家健康和医学研究所，并在1986年晋升为研究所主任。随后，进入巴斯德研究所与谢尔曼一起工作。1983年2月4日，她和团队发现了LAV病毒，后更名为HIV-1。

在巴斯德研究所中，她成为逆转录病毒研究的核心人物之一，她还对先天免疫进行了研究。2012年，她成为国际艾滋病协会的主席，该协会由多位研究员和医生组成，是首个抗击艾滋病的独立国际机构。自2014年起，她一直都是战略研究委员会的成员。

德高望重的人

蒙塔尼拥有多个身份和头衔：欧洲艾滋病研究联合会主席、法国科学院通讯院士、法兰西医学院院士、艾滋病研究所科学委员会副主席及巴斯德研究所研究员，因此成了法国抗击艾滋病领导者。他凭借艾滋病研究方面的成果屡获嘉奖，并出版了大量相关著作：《战胜艾滋病》《艾滋病：事实与希望》《艾滋病与艾滋病毒感染》《病毒与人》和《艾滋病发病机理的新理念》等。

在1994年，他与丽娜·雷诺[1]一起促成了首个法国防治艾滋病行动协会的建立。

---

① 丽娜·雷诺（Line Renaud，1928—　），法国歌手、演员和艾滋病活动家。——译者注

最近的活动

2010 年，吕克·蒙塔尼开始执掌上海交通大学下属的一所新建研究机构。他在此继续研究，发表了一篇论文：某些细菌的 DNA 序列在高度稀释后的水溶液里能够产生电磁信号。这篇与水相关的论文引发了广泛讨论……他还假设细菌可能与自闭症及其他疾病也有关。他还声称，接收到艾滋病（HIV）基因信号的纯净水能够再生与原始 DNA 相同的 DNA。随后引发的讨论愈发激烈……

罗兰·莫雷诺和芯片卡

自年少起，这位淘气机灵的小天才便一直在进行发明创造。1974 年，罗兰·莫雷诺（Roland Moreno）为他的一项至关重要的发明——芯片卡申请了专利。这一发明将会得到前所未有的发展，并且给莫雷诺带来一大笔财富。当专利即将进入公共领域时，他遇到了一些困难，便转而申请非接触式标记阅读器的销售许可证。

自小头脑里便充满了奇思妙想

1945 年，罗兰·莫雷诺出生于开罗，对电子学和算术充满了浓厚的兴趣。他设计了一些巧妙的机器，比如"饶舌鬼"（Radoteur），它能够根据现有的词语自动生成新的词语或赋予新的词义，这对研究广告标语、新商标等十分有用，他还发明了抛硬币机及计算速度超快的计算器等一些有实用价值的小物件。

这位和向日葵教授[①]一样聪慧的天才发明家决定创建自己的公司

[①] 向日葵教授，比利时漫画家乔治·勒米（笔名：埃尔热）所创作的漫画作品《丁丁历险记》法文版中的人物，是一位天才科学家。——译者注

Innovatron，主要利用"饶舌鬼"这一发明，出售品牌名、产品名和企业名。

"饶舌鬼"获得经营许可后，为莫雷诺带来了丰厚的收入，莫雷诺随后开启了新的冒险。

芯片卡的发明

1974 年，幽默风趣的莫雷诺先是将他发明的芯片卡命名为 TMR（Take the money and run，意为"拿着钱就跑"，出自伍迪·艾伦的电影的名字），他为芯片卡申请了专利，并以此大赚一笔。他的研究部门则称为 RMT（Roland Moreno Technology，意为"罗兰·莫雷诺科技"），即 TMR 的反向缩写，又是一个亮眼的设计！

他的成功并不是一蹴而就的，而是厚积薄发。芯片卡的使用逐步推广开来，广泛应用于银行卡、电话卡、手机 SIM 卡、Moneo 电子货币系统、巴黎大众运输公司发放的法兰西大区交通卡及社会健康保险卡等。正因如此，大型超市也考虑将优惠卡设置成可进行自动支付的充值卡。

形形色色的芯片卡正在彻底改变消费者行为，尤其是在延迟借记卡发行后，他们在消费支出方面变得更为大胆了。

Innovatron 公司快速发展，专利进入公共领域

Innovatron 收购了 Logicam 等数家同一领域的公司，在海外搭建了名副其实的特许经营网络，在各行各业（信息安全、电信、工程、城市系统等）发展了多家子公司，成了一个真正的集团公司。

罗兰·莫雷诺的集团赚取了可观的专利权使用费，并拓展芯片卡的新用途，如在非接触式通行证（芯片实现远程读取）或调制解调器的安全性等方面的运用。

从 1994 年起，莫雷诺的专利开始进入公共领域，因此就没有了专利使用费这一大笔收入来源。此外，管理层存在的矛盾使公司出现了一些管理

失误。Innovatron 公司无力应付这些问题，不得不出售整个业务部门。竞争公司纷纷趁虚而入，特别是斯伦贝谢集团（Schlumberger）和宝嘉集团（Gemplus），在储存卡市场占据了最大份额。

现今如何？

2002 年，莫雷诺承诺如果有人能够破解他的芯片，就向此人支付 100 万法郎。最终没有人成功破解，他证明了芯片的绝对安全。他经营着 Innovatron 公司，继续销售非接触式标记阅读器。直到 2012 年去世，他一直在收取专利使用费，其中从为巴黎大众运输公司设计的巴黎通游交通卡中收取的使用费尤为丰厚。其实，莫雷诺有一个革命性的愿景——废除纸币交易。他还将自己的理念汇编成《奇谈怪论》，并交给阿希佩尔出版社出版。

让－马里·莱恩和超分子化学

让－马里·莱恩（Jean-Marie Lehn）进行基础理论研究，是超分子化学和复杂生物聚集体形成之父，还是病毒领域的专家。1987 年的诺贝尔化学奖被授予莱恩，以示对其努力的嘉奖。

著名科学家

化学家让－马里·莱恩 1963 年获得自然科学博士学位，在法兰西公学院任分子相互作用化学教授一职。1979 年，他同时在斯特拉斯堡超分子化学实验室任教。1981 年，他被法国国家科学研究中心授予金奖，成为法国科学界不可或缺的人物。1987 年，他更进一步的努力为他赢得了诺贝尔化学奖。

超分子化学之父

分子的结构决定了整个生物体的构造。分子化学研究单原子分子之间的相互作用，超分子化学的研究着眼于分子的排列。由此我们进入到生物学领域。超分子化学专注于研究多个分子依靠分子间作用力结合在一起的复杂生物聚集体。因此，莱恩得出了"分子识别"概念的定义。也就是说，他将分子设想为外壳，里面大量涌入其他化学物质，聚集体的结构和属性将适应所述分子。

因此，用莱恩的话说就是：在我们体内，由神经冲动诱发的钾离子被识别后，会经过一个球形小空腔，然后进入中空分子的内部，就像钥匙插入锁中一样。

然后，人们开始讨论分子编程，乃至有机聚集体之间的信息交换。

光辉前景

超分子化学领域表明大自然具有创造能力并能不断适应新环境。更妙之处在于，分子会自行组织对愈来愈复杂的有机体进行破坏。试想一下，假如楼房或船只可以在没有人类干预的情况下自行建造将会如何。病毒虽然是构造十分简单的有机体，但这正是大自然富有创造力的有力证据。莱恩认为："病毒可以在蛋白质和核酸的基础上自行重组。"他还补充道："化学带我们走近最重大的宇宙难题。"

2006 年，莱恩被任命为科学技术高级理事会成员。

菲利普·莫帕斯和乙肝疫苗

菲利普·莫帕斯（Philippe Maupas）学识渊博，是医生、兽医，还是药剂师。他对乙型肝炎的研究有着浓厚的兴趣，它是发展中国家最大的祸患之一。1976 年，他从受感染患者的血液（血浆）中提取出一种疫苗。几年后，一种通过基因工程研制的新疫苗将会取而代之。

杰出的科学家

菲利普·莫帕斯 1939 年出生于土伦[①]。他聪明绝顶，接受过高水平的多学科培养。1965 年，他成为一名兽医，1970 年又成为药剂师，先后获得了理学博士学位和医学博士学位。这位巴斯德研究所的学者对于自己在图尔大学进行的研究工作充满热情。他主要研究人类传染病学和动物传染病学，以及二者的比较研究。

乙型肝炎的早期研究

无论在远东地区还是在非洲的亚热带地区，乙型肝炎都是一个重大的健康难题。在这些地区，患病率高达 10%。大约有 3 亿人直接受到该病影响，要知道，这种病同艾滋病一样，主要通过血液和性交传播。

法国有 0.3% 的患病人口，血液透析者、同性恋者、瘾君子及医护人员（自 1991 年起，医生和护士必须接种疫苗）首当其冲受到威胁。

乙肝病毒的慢性感染通常会诱发肝硬化和肝癌。因此，必须要有疫苗来预防这种疾病。

早在 1963 年，来自费城癌症研究所的布伦伯格[②]就开始鉴别这种病毒。他在一个血友病患者身上发现了一种抗体，它能与一名患有乙型肝炎的澳洲原住民身上的抗原发生反应。布伦贝格花了 5 年时间才找到了抗原：乙型肝炎病毒的表面抗原。

---

① 土伦，法国东南部城市。——译者注
② 巴鲁克·塞缪尔·布隆伯格（Baruch Samuel Blumberg，1925—2011），美国医学家，曾发现一种乙型肝炎抗原，从而促进了乙型肝炎疫苗的研制。与丹尼尔·卡尔顿·盖杜谢克因对传染病的起源及传播的研究共同获得 1976 年诺贝尔生理学或医学奖。——译者注

1970 年，纽约大学的克鲁格曼[1]表明，对从乙肝病毒携带者体内提取的血清进行加热可以使病毒失去活性，这样可以保护接近乙肝患者的人们。

1976 年研制出乙肝疫苗

1976 年，在图尔大学工作的莫帕斯研发了第一种肝炎疫苗。他采用乙肝患者的血液制成疫苗。更详细地说，该疫苗的成分是由乙肝病毒阳性患者的血浆中提取的病毒的蛋白质部分，也就是一种具有感染性的血液，在别处也无甚用处。

该疫苗立即证明了它的有效性，但是生产起来十分复杂，特别是价格非常昂贵。

新基因工程疫苗

巴斯德研究所在遇到一些困难后，寻求通过基因工程来生产疫苗。为了获得乙肝病毒颗粒，必须使用遗传基因被更改的酵母或动物细胞培养物。于是，乙肝疫苗在动物细胞——中国仓鼠的细胞——中被成功研发。这种重组疫苗是第一种通过分子生物学和基因工程生产的人用疫苗。几乎可以肯定，这项技术未来将被应用于其他疫苗的研发，首先便是艾滋病和丙型肝炎。

在塞内加尔开展的项目

乙肝疫苗的研发取得成功后，菲利普·莫帕斯与马尔·迪奥普[2]教授在塞内加尔开展了一项名为"肝炎 – 肝癌预防"的医学研究计划。

1996 年 2 月，为了向莫帕斯致敬，图尔制药科学学院更名为菲利

---

[1] 萨尔·克鲁格曼（Saul Krugman，1911—1995），美国医学家，乙肝病毒的发现者和乙肝疫苗的发明者。——译者注

[2] 迪奥普·马尔（Iba Mar Diop，1921—2008），塞内加尔医学教授和体育领袖，法国国家医学院通讯会员。——译者注

普·莫帕斯学院。

1981 年，菲利普·莫帕斯逝世。

克劳德·科恩－塔努吉与原子冷却

克劳德·科恩－塔努吉（Claude Cohen-Tannoudji）热衷于研究量子力学，并找到了一种减慢原子运动速度的方法：将原子冷却，这为绝对测量（天文钟）也称干涉测量这一天文学基础理论打开了大门。1997 年，塔努吉获得了诺贝尔物理学奖。

一位杰出的物理学家

塔努吉 1933 年出生于阿尔及利亚的康斯坦丁，20 岁时进入巴黎高等师范学院。1957 年，他获得了物理教师资格。服完兵役后，他进入了国家科学研究中心，成为一名助理研究员。1962 年，他获得了博士学位。随后在巴黎理学院担任讲师一职，又于 1967 年晋升为教授。在法兰西公学院时，他担任原子和分子物理学教授，从 1973 年到 2004 年他一直任教于此。

满载荣誉

克劳德·科恩－塔努吉是量子力学领域的领军人物，在法国国内和国际上都获得了许多奖项，曾为他颁发过奖项的单位有法国科学院、法国物理学会、国家科学研究中心、英国物理学会、美国物理学会、洪堡基金会、澳大利亚科学院，以及意大利、比利时、以色列、印度和英国等国的科学院。

1997 年，他与美国人朱棣文[1]和威廉·丹尼尔·菲利普斯[2]共同获得诺

① 朱棣文（Steven Chu，1948—），美国物理学家，从事原子物理、激光科学方面的研究，1997 年诺贝尔物理学奖获得者。

② 威廉·丹尼尔·菲利普斯（William Daniel Phillips，1948—），美国物理学家。

贝尔物理学奖。

原子的冷却和减速

　　科恩－塔努吉的研究工作与超冷稀薄原子气体物理学相关。此处，我们要回顾玻色－爱因斯坦凝聚现象：当温度低于－270℃，且一定数量（1/10）的原子呈现出相同形态时，凝聚态便会形成。更明确地说，这是研究光子、光粒子和原子成分之间细微而短暂的相互作用的精密活动。我们都知道，气体温度越高就会越活跃。因此，粒子碰撞得越频繁，它的温度也就越高。于是，材料物理学家的主要工作就是找到减缓原子运动速度的方法，而速度放慢将伴随降温而实现。

　　这项研究十分棘手，且与气体的超流动问题相关。1938 年，卡皮查、艾伦和米塞纳证明了氦－4 在接近绝对零度的温度下（即－273℃）具有超流性，为将来的研究打开了一扇大门。[①]

科恩－塔努吉的重大发现

　　20 世纪 90 年代，克劳德·科恩－塔努吉在大约一微开尔文（温度计量单位）的温度下成功控制了原子的速度和位置。为了做到这一点，他利用激光对原子施加辐射压力。然后他借助 6 道激光束将原子的集合体困在狭小的空间里，从而使原子的速度变缓，其速度急剧下降至每秒不到 1 厘米。

巨大的影响

　　这一发现不但影响了光学干涉测量，还涉及了天文钟、原子激光等一

---

① 俄罗斯物理学家彼得·卡皮查（Pyotr Kapitsa）与来自英国的约翰·艾伦（John Allen），唐·米塞纳（Don Misener）各自独立测量极低温下（低于－270.92℃）液氦的黏滞系数，发现其数值极其小，近乎为零。卡皮查通过类比超导体将之命名为超流体。——译者注

些与未来世界密不可分的领域。因此，天文钟将受激原子作为振荡器（而非压电石英），其精确度能够达到千亿分之一秒。光学干涉仪则用于测量干涉波（即混合波）的波长。

安德烈·卡普龙和血吸虫病疫苗

安德烈·卡普龙（André Capron），这位寄生虫生物学和主要地方病预防方面的杰出专家因其高超的科研水平受到了里尔科教与医疗中心、法国国家健康与医学研究院和巴斯德研究所的赞赏。安德烈·卡普龙致力于防治血吸虫病——这是世界上第二大疾病灾害，堪比疟疾。1987 年，他研制出一种疫苗，并于 1998 年起开始在动物身上进行试验。

杰出的医生

安德烈·卡普龙于 1930 年出生于朗斯地区，在里尔就读医学院。在获得医学博士学位和理学学士学位后，他先是成为一名讲师，然后晋升为大学教授。最后，从 1970 年至 2000 年，他一直在里尔工作，担任科教与医疗中心免疫科主任。1975 年起，他兼任巴斯德研究所免疫学与寄生虫生物学中心主任一职，从 1994 年起开始领导里尔分所。他在国家健康与医学研究院工作，在专门研究免疫学和寄生虫生物学的分院担任主任。

功绩卓著的人物

安德烈·卡普龙曾任里尔大学名誉教授、巴斯德研究所里尔分所名誉所长、巴黎高等师范学院科学委员会成员及法国、美国、英国、比利时四国的科学院成员（在法国负责国际关系）。除此之外，他还获得了国内外众多奖项，如法国国家医学院的勒沃奖、美国的理查德·劳恩斯伯里奖和医学研究基金会大奖等。同时，他还是比利时根特大学和布鲁塞尔大学的名誉博士、法国荣誉军团骑士勋章获得者和法国免疫学会主席。

寄生虫免疫学研究工作

安德烈·卡普龙是公认的寄生虫生物学和主要地方性流行病预防方面的世界顶级专家。血吸虫病的致死率在世界上排名第二，仅次于疟疾。很早以前，卡普龙就指出人类寄生虫（螺旋体）主要有血吸虫（一种扁形血吸虫幼虫）、水虱（绦虫）和蛔虫（类似吸虫的蠕虫），并提出了相应的诊疗方法。他为宿主——寄生虫拟态性研究付出了诸多努力。

1987年起，他对血吸虫（一种会诱发血吸虫病的扁虫）尤其是该虫的分子遗传进行研究，发现了潜在的疫苗。从1998年起，他开始在动物身上进行临床试验，由此研发出血吸虫病疫苗。1987年以来，他发表了大量有关这项发现的文章。

支持发展中国家

安德烈·卡普龙一直致力于支持发展中国家的寄生虫病研究。因此1983年，他制订了一个欧洲方案——"科技促进发展"。从那时起，他开始主持世界卫生组织的血吸虫病计划。随后，他成为世界卫生组织科学专家咨询组的成员，并于1988年加入该组织的科学技术咨询委员会。

埃蒂安－埃米尔·博利厄与紧急避孕药米非司酮（RU 486）

埃蒂安－埃米尔·博利厄（Etienne-Emile Baulieu）是一个勇敢的人，擅长与媒体打交道，有时还有些挑衅性，他是著名的堕胎药米非司酮（RU 486）的发明者，但在法国仅允许在特定情况下使用该药。不久前，他发起了一场运动，支持使用脱氢表雄酮（DHEA）来对抗老年人衰老的影响，但是在法国并没有起到很好的效果。

从抵抗运动到国家健康与医学研究院

埃蒂安的父亲莱昂·布卢姆是一名医生。1943 年，埃蒂安 16 岁，加入了法国共产党并参加了抵抗法西斯运动。从此，他有了个新的姓氏——博利厄。

在完成医学方面的学业后，他于 1963 年开始担任国家健康与医学研究院 33 所的负责人。

堕胎药

成为教授后，博利厄于 1963 年合成了堕胎药米非司酮。该药有很强的抗孕激素作用，可用于药物流产和治疗性终止妊娠时的引产。自 2004 年起，法国的妇科医生和部分全科医生均有权使用该药。

经过评估后，这种药的使用范围扩大：性行为后 72 小时内，在无保护性行为的情况下可服用此药。

该药于 2000 年获得美国食品药品监督管理局使用许可。在法国，在堕胎预防计划和推广避孕方法的范围内，紧急避孕药，如后安锭（Norlevo），无须医生开具的药方，可自行前往药店购买，还可以申请报销。年轻女孩甚至可以免费获取，尽管药店的药剂师对此并不乐意……在性行为后 12 小时至 72 小时之间服用方能保证有效性。

脱氢表雄酮

从 20 世纪 60 年代起，博利厄教授就对脱氢表雄酮产生了浓厚兴趣。脱氢表雄酮法语全称为 déhydroépiandrostérone，是一种以自然状态存在于体内的激素，由肾上腺分泌，是性激素（如睾酮、雌激素和黄体酮）的前体。老年人体内的脱氢表雄酮不足（因为分泌量从 21 岁开始不断减少）是导致衰老的因素。脱氢表雄酮 1994 年在美国通过检验后，便被用作膳食补充剂，被认为可以延缓衰老，加大燃烧脂肪量，并且对免疫系统有加强作用。有人指出，它甚至可以对糖尿病、心脏病、退行性疾病起到预防作用。

作为脱氢表雄酮的老牌捍卫者（与搭档弗朗索瓦·弗兰特[①]），博利厄教授在国家健康与医学研究院进行了一项非常重大的研究，以证明脱氢表雄酮对老年女性，特别是 70 岁以上的老年女性大有用途，如唤起性欲、保湿皮肤、加强髋关节和手腕等部位的骨密度。

然而必须注意的是，脱氢表雄酮在某些患者身上会产生副作用，如攻击性增强和痤疮等，且目前没有证据表明长期使用不会产生更加严重的后果。

因此，脱氢表雄酮在法国只能以处方药来购买。

博利厄教授于 2003 年和 2004 年担任法国科学院院长一职。

让－米歇尔·杜贝纳尔——从碎石器到肢体和面部移植

让－米歇尔·杜贝纳尔（Jean-Michel Dubernard）是医生、教授、外科大夫、颇有声望的政治家，他的所有尝试都获得了成功。从鼓励使用碎石器治疗肾结石到最为大胆的手部、脸部移植，这位天资卓越的里昂人从此家喻户晓。伴随他的出现，医学成了让公众着迷的奇观。

教授和政治家

让－米歇尔·杜贝纳尔出生于 1941 年，身兼医生、医学教授、政治家等多重身份，在每个身份中都如鱼得水。这个雄心勃勃的人总是走在医疗

---

① 弗朗索瓦·弗兰特（Françoise Forette），医学教授，曾任巴黎布罗卡医院老年科主任。他创建并管理国际长寿中心－法国分部。该中心的目标是促进积极和健康的老龄化，并提高人们对延长寿命所引起问题的认识。——译者注

技术最前沿，敢于挑战各种最大胆的手术。他曾与米歇尔·努瓦尔[①]、雷蒙德·巴尔[②]在里昂市政府共事，这充分说明他志在仕途。1983 年，他首次当选为里昂市议会议员，先后以保卫共同联盟成员和人民运动联盟成员的身份活跃于议会之中，直到 2007 年。他的同僚推举他出任国民议会社会事务委员会主席一职。1983 年至 2001 年，他一直担任里昂市副市长，先后与米歇尔·努瓦尔和雷蒙德·巴尔两位市长合作。

里昂碎石器

碎石器由里昂的一家公司研发，是一种用于击碎肾结石或胆结石的设备。据了解，每年大约有 5 万人受到结石症或结石的折磨，其中 70% 的病例会在肾绞痛发作之后痊愈。而其余的 15 000 人结石滞塞，通常需要通过手术摘除。由此，他产生了发明冲击波震荡器（由压电石英发射）的点子。该机器可以将结石分解成小碎片，然后通过自然方式排出。这项技术总体上而言是相对无痛的，但不适用于结石太大或者早已存在尿路感染的情况。如果满足这些前提，手术在大部分情况下都会取得成功。结石位置的精确定位，是确保冲击波有效性的必要条件。

杜贝纳尔教授是碎石器的坚定支持者和宣传者。里昂当地的研究工作也因为该仪器的发明而备受赞誉。

大胆的移植

作为外科医生，杜贝纳尔曾在里昂科教与医疗中心的爱德华·埃里奥医院器官移植科工作。他是著名的器官移植专家，擅长肾脏移植和胰腺移植。

---

① 米歇尔·努瓦尔（Michel Noir），曾任里昂市市长（1989—1995）、法国国民议会议员（1988—1997）。——译者注

② 雷蒙德·巴尔（Raymond Barre），法国政治家和经济学家，曾任法国总理（1976—1981）、里昂市市长（1995—2001）。——译者注

1988年9月，他和他的团队首次尝试进行一台手部同种异体移植手术，也就是说，待移植部分原不属于接受移植的患者。"allos"是希腊文，意为"其他"。新西兰人克林特·哈勒姆的一只手从手腕处被切断，杜贝纳尔的团队成功完成了移植手术，但哈勒姆拒绝使用免疫抑制药物来继续治疗排异反应。2001年年初，移植的那只手在英国被截去了。

杜贝纳尔没有因为这次失败而灰心丧气。失败的原因是这位患者出于对过去的抗拒，所以自己不愿意继续服药，这一点后来才发现。2000年1月，他进行了一场规模相当大的手术——为丹尼斯·沙特利埃进行双手移植手术。这位33岁的年轻人在建造火箭时遭遇了一场可怕的事故。移植手术很成功，沙特利埃可以使用另一个人的一双手继续生活了。

2005年，杜贝纳尔参加了德沃谢勒[①]教授在亚眠科教与医疗中心主刀的局部面部移植手术，移植部位为一个三角形区域：鼻子、嘴唇和下巴。患者伊莎贝尔·迪诺尔不幸被家犬袭击，造成面部严重毁容。这台手术持续了15个小时，共有50多名医生参与，是全世界首创，似乎也算是成功。2012年，杜贝纳尔教授退隐。

阿尔贝·费尔和巨磁阻

阿尔贝·费尔（Albert Fert）是一名物理学家，擅长凝聚态物理学研究，与彼得·格林贝格[②]因发现巨磁阻效应而共同获得2007年诺贝尔物理学奖。

完成学业

阿尔贝·费尔1938年出生于一个教师家庭，17岁时通过中学毕业会

---

① 法国口腔颌面外科医师，2005年11月在亚眠成功完成了第一次面部移植。——译者注
② 彼得·格林贝格（Peter Grünberg），德国科学家，主要研究固体物理学，与阿尔贝·费尔因分别独立发现巨磁阻效应而共同获得2007年诺贝尔物理学奖。——译者注

考，进入巴黎高等师范学院。毕业后，在格勒诺布尔大学担任助理一职，随后凭借在奥赛理学院的基础电子研究所和格勒诺布尔理学院物理光谱实验室所撰写的研究论文获得了博士学位。

之后，他在巴黎第十一大学担任助教，并于 1970 年获得了物理学博士学位，研究方向是铁和镍的电输运特性。在此基础上，费尔对自旋电子学进行了发展，这是一种利用电子的电荷和其自旋或磁矩的新型电子学。电子的自旋会对导电产生影响。

自旋电子学

1976 年，费尔成为巴黎第十一大学教授。1995 年，他代表法国国家科学研究中心与汤姆逊半导体公司进行密切合作，成立了联合物理机构国家科学研究中心－汤姆逊半导体公司，也就是现今的国家科学研究中心－泰雷兹集团，并在此任科学主管。

在汤姆逊半导体公司的支持下，费尔发现了巨磁阻（GMR），从而彻底改变了硬盘读取技术。因此，目前带有读写磁头的硬盘都装上了隧道磁阻。简单来说，自旋电子学是碳纳米管、半导体、阅读器等领域发展的核心。

2007 年获诺贝尔奖

除了 2007 年的诺贝尔物理学奖，费尔还获得了许多奖项：美国物理学会的新材料国际奖、国际理论与应用物理学联合会的磁学奖、法国物理学会的里卡德奖、法国国家科学研究中心金奖、欧洲物理学会的安捷伦奖和 2007 年的沃尔夫奖。

2004 年，费尔成为法国科学院院士。2008 年，成为技术学会成员。他同时还是利兹大学、鲁汶大学、亚琛大学、巴塞罗那大学、纽约大学及阿雷格里港大学等多所高校的名誉博士。

朱尔斯·霍夫曼与免疫系统

朱尔斯·霍夫曼（Jules Hoffmann）出生于卢森堡，1970 年取得法国国籍，是研究昆虫免疫系统的生物学专家。他是法国科学院院士，并于 2011 年获得了诺贝尔生理学或医学奖。

生物学家

朱尔斯·霍夫曼家境十分贫寒。因为他的父亲是一位教授自然科学的中学老师，所以霍夫曼自小便对父亲的工作十分感兴趣，对昆虫学痴迷不已。他成绩优异，在斯特拉斯堡大学提交了实验生物学方面的博士论文，获得博士学位。随后，他进入斯特拉斯堡大学动物学研究所，在皮埃尔·乔利[①]的实验室中工作，主持有关迁徙蝗虫发育期和繁殖期的内分泌调节的研究工作。1978 年，他接替乔利教授成为昆虫体液生物学实验室的负责人。1992 年，他成为斯特拉斯堡的分子细胞生物学研究所的负责人。

昆虫的先天免疫系统

霍夫曼的研究对象是果蝇（醋蝇）的先天免疫机制。1993 年，凡尔赛地区召开了一次国际会议，专门探讨先天免疫的问题。

法国国家科学研究中心于 2011 年为他颁发金奖，以表彰"他的发现带来了机体（从初级生物至人类）具有抗传染源的防御机制这一新视野"。

同年，霍夫曼与美国的布鲁斯·比由特勒和加拿大的拉尔夫·斯坦曼共同获得诺贝尔生理学或医学奖。

---

① 皮埃尔·乔利（Pierre Joly），法国斯特拉斯堡大学昆虫学教授。——译者注

法兰西学术院院士

2012 年 3 月 1 日，朱尔斯·霍夫曼接替杰奎琳·德·罗米利[1] 的席位进入了法兰西学术院[2]。他对阅读、徒步旅行、格里高利圣咏和朝圣充满了兴趣，尽管他在埃尔泽菲尔出版社和斯普林格出版社出版的作品都是用英语写作的，但还是因在各领域都才华横溢获得了回报。

塞尔日·阿罗什和量子物理学

塞尔日·阿罗什（Serge Haroche）是法国物理学家，专门研究量子物理学。2009 年获得了法国国家科学研究中心金奖。2012 年 10 月，他与美国科学家大卫·维因兰德（David Wineland）共同获得诺贝尔物理学奖。

优等生

塞尔日·阿罗什的父亲是摩洛哥犹太人，母亲是俄罗斯教师。12 岁时，他离开摩洛哥。1963 年，阿罗什进入巴黎综合工科学校，先后获得了物理学学士学位和物理教师资格。但他的科研生涯并未就此停止，他以优异的成绩通过了物理学博士论文答辩，获得了博士学位。他的论文导师正是克劳德·科恩 – 塔努吉。

传统的职业生涯

1967 年，他进入法国国家科学研究中心，1971 年任高级研究员。他在美国斯坦福大学完成了实习，随后于 1975 年被任命为巴黎第六大学的教

---

① 杰奎琳·德·罗米利（Jacqueline de Romilly），法国著名古希腊文明研究学者，第一位被法兰西学术院提名的女性。——译者注

② 法兰西学术院共由 40 名院士组成，院士为终身制，去世一名才由本院院士选举补充一名。——译者注

授。他不仅在巴黎综合工科学校和哈佛大学担任讲师，还在耶鲁大学授课。1991 年，他成为法国大学研究院的高级院士。

2001 年，阿罗什进入法兰西公学院，担任量子物理学教授，在卡斯特勒 – 布洛索实验室 ① 领导腔量子电动力学小组。2012 年，他成为法兰西公学院的行政长官。同年被授予诺贝尔物理学奖。随后在 2014 年，成为法国科研战略理事会成员。

他的整个职业生涯都满载荣誉：法国荣誉军团勋章（指挥官级别）、美国物理学会研究员、法国物理学会的科顿奖和里卡德奖、爱因斯坦激光科学奖、迈克尔逊奖（富兰克林研究所）、洪堡奖、托马索尼奖、法国科学研究中心金奖等。

研究课题

塞尔日·阿罗什是原子物理学和量子光学领域的专家，开创了激光光谱学新方法。随后，他对里德伯原子 ② 产生了兴趣，开始研究物质与辐射的相互作用。这种原子（与超导腔耦合）可以用来测试量子脱散规律，并证明信息处理所需的量子逻辑的操作可行性。

---

① 专门研究量子系统基础物理学的实验室，由阿尔弗雷德·卡斯特勒和让·布洛索于 1951 年创立，是法国国家科学研究中心、法国高等师范学院、索邦大学和法兰西公学院的联合研究单位。——译者注
② 一个价电子被激发到高量子态（主量子数 n 很大）的原子，也称高激发原子。——译者注

索 引

扩展阅读

Ricardo Bofill, *La cité: Histoire et technologie: projets français*, Léquerre, 1981

Victor Cachard, *Histoire du sabotage: Tome 1, Des traîne-savates aux briseurs de machines*, Libre, 2022

Maurice Allègre, *Souveraineté technologique française: Abandons et reconquête*, VA PRESS, 2022

Fabrice d'Almeida, Christian Delporte, *Histoire des médias en France: de la Grande Guerre à nos jours*, FLAMMARION, 2010

Marie-Thérèse Cousin, *L'anesthésie-réanimation en France: Des origines à 1965 Tome I : Anesthésie*, L'Harmattan, 2005

Xavier Vigna, H*istoire des ouvriers en France au XXe siècle*, Tempus Perrin , 2021

David Aubin, Néstor Herran, Santiago Aragon, Hélène Gaget, *Bescherelle-Chronologie de l'histoire des sciences: des origines à nos jours.* Hatier, 2019

Jean-Christophe Rufin, *Un léopard sur le garrot: Chroniques d'un médecin nomade*, FOLIO, 2009

Jean-Pierre Rioux, *Histoire culturelle de la France, tome 1: Le Moyen Âge*, POINTS, 2005

Jean-Luc Arnaud, *La carte de France: Histoire & Techniques,* Parenthèses, 2022

Frédéric Borel, *Les grandes expériences scientifiques à Paris*, Parigramme, 2013

Maurice Agulhon, Gabriel Désert, Robert Specklin, *Histoire de la France rurale, tome 3 : De 1789 à 1914*, Seuil, 1992

Jean-Pierre Poirier, *Histoire des femmes de science en France : Du Moyen-Age à la Révolution,* Pygmalion, 2002

Louis Baldasseroni, Etienne Faugier, Claire Pelgrims, *Histoire des transports et des mobilités en France: XIXe-XXIe siècle*, Armand Colin, 2022

Yves Antoine, *Inventeurs et savants noirs: Troisième édition*, L'Harmattan, 2018

Fabienne Waks et Benoît Potier, *CentraleSupélec, inventeur d'ingénieurs*, Cherche Midi, 2021

Jacques Ellul, *La technique, ou, L'enjeu du siècle,* Economica 2008

Michel-Yves Bolloré et Olivier Bonnassies, *Dieu-La science Les preuves*, Trédaniel, 2021

Tom Jackson. *Le cerveau-Les 100 plus grandes découvertes qui ont changé l'histoire des neurosciences*, Contre-dires, 2019

Orson Scott Card, *Personnages et Point de vue*, Bragelonne, 2018

Robert Pince*, Histoire des sciences et techniques*, Milan, 2019

Fontaine Journée Florence,*Sciences et techniques sanitaires et sociales*. ELLIPSES, 2019

Bruno Jacomy,*Une histoire des techniques*, POINTS, 2015

Pek van Andel,*De la sérendipité: dans la science, la technique, l'art et le droit*, Hermann, 2013

Clémentine V. Baron , Patricia Crété,Clémentine V. Baron, *Patricia Crété, 100 grands personnages de l'Histoire*, Quelle Histoire, 2017

Jean Carpentier, *Histoire de France*, POINTS, 2014

译者后记

翻译这本书是情理之中，不过也是意料之外。

情理之中是一方面我想给我的女儿讲科学技术历史知识，但是手边并没有合适的书；另一方面，因为研究法国文学和法国文化，我也一直想知道一个问题的答案，即这么一个国土面积并不辽阔的国家，为什么在人类科学技术发展历史中达到了巅峰？这个问题的答案是复杂的，不易回答。

意料之外是在高考之后，我就几乎没有系统学习理工科方面的知识。然而，我却机缘巧合地接受了这本《法国发明简史：14 世纪至今》的翻译工作。本书的翻译工作初起看似简单，其实对于译者真的是一场"头脑暴击"。在翻译本书近半的时候我就有了这样的感觉：也许从天才"七人团体"成立法国科学院的那一日起，法国能走上科技强国道路，就已经"命中注定"了。

在随后的翻译过程中，针对之前产生的疑问，即 17 世纪之前的法国科学家、发明家，何以能够将科学技术看得如此重要，何以能够得到那么多的支持？原来从书中便可以找到答案。

本书的翻译首先要感谢我的哥哥张庆丰。他作为大学数学教师，历经小学、初中和高中数学教师生涯的磨炼，其知识视野与理论水平为我提供了莫大帮助。他的历史情怀也指导了我对科技"史"有了更全面、更深刻的了解。其次还要感谢我的学生沈怡群、王哲，他们为本书提供了很多科技信息搜索上的帮助。王哲甚至研究了科技史翻译中的标题处理问题（写进了硕士论文），这为本书增色不少。最后还要感谢本书的责任编辑孙红霞博士的帮助，她严谨的工作态度和严格的翻译要求，是对我的翻译工作的促进。

最后，译者尽管已经竭尽全力，但是由于视野和能力所限，有不足之处，希望读者能够谅解，同时不吝赐教，以鞭策译者进步。

张俊丰

2022 年 7 月